U0332537

# 济宁
# 青山羊

蒋培红 著

中国农业科学技术出版社

**图书在版编目(CIP)数据**

济宁青山羊／蒋培红著. --北京：中国农业科学技术出版社，
2023.3

ISBN 978-7-5116-6216-3

Ⅰ.①济… Ⅱ.①蒋… Ⅲ.①山羊-饲养管理 Ⅳ.①S827

中国国家版本馆 CIP 数据核字（2023）第 039114 号

责任编辑　闫庆健
责任校对　马广洋
责任印制　姜义伟　王思文

出　版　者　中国农业科学技术出版社
　　　　　　北京市中关村南大街 12 号　　　邮编：100081
电　　　话　(010) 82106632（编辑室）　　　(010) 82109702（发行部）
　　　　　　(010) 82109709（读者服务部）
网　　　址　https：//castp.caas.cn
经　销　者　各地新华书店
印　刷　者　北京建宏印刷有限公司
开　　　本　148 mm×210 mm　1/32
印　　　张　8.25
字　　　数　222 千字
版　　　次　2023 年 3 月第 1 版　2023 年 3 月第 1 次印刷
定　　　价　30.00 元

# 内容提要

　　本书是关于济宁青山羊科学研究与饲养管理的一本专著，内容主要包括：济宁青山羊概述、羊场环境与生产经营、饲养管理、选种技术、繁殖管理、疾病防控六章。全书针对我国优良肉羊品种济宁青山羊，在菏泽市科技攻关计划《济宁青山羊高繁品系选育及标准化生产示范》项目研究成果的基础上，应用当代科技和科研新成果，解决济宁青山羊生产过程中存在的实际问题，既具科学性、先进性，又具实用性和可操作性，可供肉羊产业科技工作者、广大生产者、经营管理者及相关院校师生参考和阅读。

# 前　　言

　　济宁青山羊主要分布在山东省的菏泽、济宁地区。其体型小、抗病力强、易饲养、肉质鲜美，特别是猾子皮以其柔软轻薄、保暖性好而著称，是我国独有、世界著名的羔皮山羊品种，具有重要的经济价值和广阔的发展前景。但是20世纪90年代，青山羊种质资源受到威胁，纯种青山羊存栏急剧下降。据统计，当时青山羊存栏数仅占当地山羊存栏总数的5.67%。造成存栏数量下降的原因，一是裘皮出口数量大幅下滑，二是皮件加工及使用数量锐减，三是人类消费逐步以肉食为主，四是饲养管理比较粗放，科学饲养水平低下，品种良种化程度不高，产品商品率低，经济效益不理想。加之青山羊本身生产性能低、生长速度慢、产肉率低，致使其难以适应消费发展需求。但是济宁青山羊肉质鲜美，备受广大消费者的青睐，近年来其价格在不断攀升，养殖效益大幅提高，养殖数量也逐年增加。为此，推进济宁青山羊良种化，提高科学饲养水平，就显得十分必要。

　　目前，有关养羊生产的书籍出版不少，但针对济宁青山羊研究的专著还没有。为促使济宁青山羊向现代养羊业模式发展，提高广大养殖户、经营者的文化科技素养，增加科技投入和基础设施投入，吸收先进的科技成果，不断完善饲养管理和生产经营模式，作者撰写了《济宁青山羊》这本专著。编写中，立足济宁青山羊特色，引入现代济宁青山羊研究成果，结合生产实际，总结养殖经验，着眼现代化、集约化、标准化发展方向，本着科学、先进、实用等原则，充分利用现代养殖技术，结合作者科研成果，为饲养者、经营管理者、科研人员及相关院校师生在生产、科研、教学等生产实践中提供参考，逐步形成较为系统的济宁青山羊饲养管理技术，为我国养羊业现代化生产作出贡献。

由于撰写时间较短，作者水平有限，又是针对济宁青山羊生产经营与管理的专著，疏漏与不当之处在所难免，恳请读者不吝赐教。

蒋培红

2022 年 12 月

# 目　　录

# 第一章　济宁青山羊概述

我国养羊业历史悠久，羊的种质资源十分丰富。养羊数量及羊肉、羊绒、羊皮、羊肠衣等产品产量均居世界第一位，但由于饲养技术等原因，还不是养羊强国。济宁青山羊作为繁殖率最高的羊的品种之一，深受养羊业者及研究者的青睐，其特有的青猾子皮以其柔软轻薄、保暖性好而著称，是我国独有、世界著名的羔皮山羊品种，具有重要的经济价值。但由于裘皮加工等市场因素的影响，20世纪90年代济宁青山羊的养殖数量明显下降，甚至种质资源受到威胁。但是，青山羊肉质鲜美，特别是由青山羊肉熬制的羊肉汤闻名遐迩，深受广大消费者青睐，近几年来，青山羊肉消费增加，青山羊价格回升，加之国家加大保护力度，养殖数量明显回升。

## 第一节　济宁青山羊历史与发展趋势

### 一、济宁青山羊的历史

#### (一) 济宁青山羊的兴起

济宁青山羊源于菏泽和济宁饲养的土种山羊，主要以肉用为主，毛色有黑色、白色、青色3种，其羔皮称之为"猾子皮"。青色的猾子皮为黑白毛相间，同时这种青猾子皮具有独特的波浪花纹，柔软、美丽，逐渐受到国际市场的青睐，并以出生3 d内的羔

·1·

皮最为畅销。20 世纪初我国对外贸易的开放，猾子皮开始出口，出口量日益增长并逐渐供不应求。由此养殖业者开始有目的地对青毛色的山羊进行了专门选育，黑白两色逐渐被淘汰，济宁青山羊的名称由此确定。同时，还对其多胎性和早熟性进行了培育，形成了当地独特的早期发育快、性成熟早、繁殖力高、遗传性好的羔皮用山羊品种。

20 世纪 50 年代，我国在济宁和菏泽两地设立了青山羊饲养辅导工作站，专门负责指导青山羊的生产养殖；20 世纪 70 年代，又建立了山羊板皮、青猾子皮出口基地。国家一系列的扶持措施不仅大大增加了当地青山羊的饲养数量，而且将青山羊养殖推广到河南、江苏、安徽等地区，济宁青山羊的养殖数量达到了历史最高水平。据统计，被称为"中国青山羊之乡"的菏泽市在 2002 年的存栏量就达 200 万只以上（许涛，2011）。

**（二）济宁青山羊的衰落**

国际毛皮市场的繁荣推动了济宁青山羊的形成与昌盛，其衰退也不可避免地影响了济宁青山羊养殖业的发展。随着化工技术的进步，化纤制品的盛行，尤其随着化工印染技术水平的不断提高，人工制造出各种毛皮花色，使曾经风靡一时的青猾子皮失去了其当初的独特魅力。同时，随着毛皮动物养殖的数量和种类越来越多，毛皮的种类也日益增加，如貂皮、狐狸皮、獭兔皮等其他裘皮种类的不断兴起，也大大冲击了青猾子皮的销量。再者，由于全球气候变暖，人们对毛皮制品的需求量也大大减少。作为国际毛皮市场催生的产物，青猾子皮销售量的下滑严重打击了养殖户的积极性，原产区的鲁西南地区济宁青山羊数量锐减，在江苏、安徽等养殖推广区更是几乎销声匿迹。

随着我国人民生活水平的不断提高，肉蛋奶的需求量大大增加，养羊业的方向也由皮用转向肉用。济宁青山羊在长期的选育过程中主要以获得青猾子皮为目标，片面追求其性成熟早和多胎性的特性，导致其他性能受到压制，造成青山羊个体小、生长速度慢、生长周期长的特点，料肉比和产肉率低，经济效益差，难以适应目前羊肉市场的要求。养殖户因而改养其他体型大、生长快的肉羊品种，或者用外来山羊品种与济宁青山羊进行杂交，以改进其产肉性能，这导致了青山羊品种的杂化和品质的退化，给济宁青山羊养殖业造成了致命打击。

资料显示，2010年菏泽市青山羊存栏量不足10万只，并且这些青山羊只是毛色显示为青色，但大多是波尔山羊和白山羊的杂交后代，已不是纯种的济宁青山羊（吴卫东等，2011）。2011年菏泽市纯种青山羊存栏量不超过2 000只，市场上也很难见到青山羊（许涛等，2012）。

### （三）济宁青山羊的复兴

为挽救和保护这一优良的种质资源，我国已将济宁青山羊列为国家级畜禽遗传资源保护品种，并在其产区建立了济宁青山羊保种区和保种场，对青山羊进行保种和提纯复壮。

济宁青山羊虽然产肉率低，但在肉质方面与其他羊品种相比具有明显优势，其色泽、口感、嫩度和味道均优于其他羊品种。尤其是以青山羊骨肉熬制的"单县羊肉汤"更是一绝，自1807年诞生以来已有200多年历史，受到消费者的喜爱和推崇，并成为中华名食谱中唯一的汤类名食，被称为"中华第一汤"（许涛等，2012）。

正是由于当地人们对青山羊羊肉和羊肉汤的热爱与怀念，带动了不景气的青山羊羊肉市场，使得青山羊羊肉价格大涨。目前，活羊价格已高达100~120元/kg，甚至达到140元/kg，而其他品种的活羊价格基本维持在60元/kg左右。青山羊的价格优势刺激了养殖户的积极性，使青山羊养殖逐渐回暖。

### （四）当前济宁青山羊养殖生产中存在的问题

虽然国家已在济宁青山羊产地建立了保种区和保种场，一些青山羊的爱好者也有意从事青山羊的养殖和开发，青山羊饲养量有较大幅度回升，但仍然存在一些问题。

（1）目前大多数的青山羊养殖，仍然是以农户散养、庭院养殖为主，大多采用粗放式管理，半舍饲半放牧，营养不均衡，对青山羊的生长发育及肉品质有较大影响。大多数养殖户都是"年头买羊羔，年尾卖羊肉"，很少能自繁自养，养殖规模得不到扩大。同时，随着我国现代城镇化的发展，农村大量的农田和土地被征用，造成放牧场地稀少，牧草匮乏，失去土地的农户只能放弃青山羊的饲养，选择进城打工。

（2）在已经建成的规模饲养场中，也存在一些难题。一是舍饲技术不过关，在环境条件、饲料配方、舍饲管理等方面还不够成熟完善，这是制约青山羊发展的主要技术原因。二是规模化养殖场在饲养管理上，人力和物力成本会有较大幅度增加，影响养殖业者的利润。三是在舍饲状态下不能实行放牧，但在青山羊养殖历史中一直处于放养状态，难以适应圈养舍饲方式，如果舍饲管理不到位、营养不全面会造成较大数量的母羊体质下降，甚至引起流产、难产或产后瘫痪及羔羊体弱等状况。目前国内科研院所和高校对济宁青山羊的研究较少，一些技术难题还没有得到有效解决。四是资金短缺也是重要的制约因素。据统计，在养殖场每只羊的平均投资在1 000~1 500元，绝大多数养殖户因缺乏资金，无力扩大饲养规模，银行贷款支持政策也有限。五是养殖场用地面临环保压力，审批难、粪便污染治理投入大等都制约着养殖场的规模化发展。

（3）养羊从业人员不断减少，养羊数量不断下降。一是外出打工人员比较多，农村留守以老人妇女和儿童居多，难以从事养殖业活动；二是养殖业风险较大，养殖业保险还未能很好地实施和完善；三是农村特色种植业发展比较迅猛，加之耕地保护政策等，影响养殖业饲草、饲料来源。

（4）品种退化，结构不合理。长期以来，广大养羊户一直饲养地方品种青山羊，饲养区域局限比较大，流通较少，近亲繁殖严重，加之多年来没有提纯复壮，导致了种质退化严重，体型小，生长速度慢，羔羊饲养两年体重才能达到15~20 kg，经济效益十分低下，影响了养殖户的积极性，且有的养羊户是"春天买，夏秋养，冬天卖"，并没有形成"自繁自养"的模式，造成虽有一定规模，但发展后劲不足，还会造成疫病和寄生虫病的传播。

（5）牧草资源匮乏，制约着青山羊的规模养殖。长期以来，青山羊的饲养大多以田间地头、荒地河坡、黄河滩区等闲置土地草源饲喂为主体。近些年来，由于畜牧业的快速发展，草资源不足的问题成为了发展规模养殖的瓶颈，农区养羊放牧地少，多采用圈养方式，仅靠收割野草、植物茎叶和藤蔓来喂养，犹如杯水车薪，不能解决实际问题，即使白天放牧也很难满足羊群的需要，单靠以杂草为主的营养水平难以提高羊的生产水平。在单县，黄河故道区的河滩、草坡大多土质较差，优质的牧草较少，养殖户便饲喂遗弃的植物秸秆和木质化程度很高的野草，营养价值低，消化率低，适口性又差，特别是冬季这种现象更为明显。

（6）养殖人员文化素质较低，防疫驱虫制度不健全。从养殖业者的文化水平来看，农村养殖业存在的很大一个问题为养殖户文化素质偏低，受过专门教育的人员少之又少，养殖技术滞后，养殖方法老套，不能适应现代化养殖业的需要。同时部分农村兽医技术水平也比较低，一般仅限于猪、禽疾病的防治，其他畜类疾病知之甚少，造成了农村羊防疫驱虫制度不健全的状况。

（7）饲养管理技术落后，生产效益低下。农村山羊多以一家一户饲养为主，饲养方式一般为早晨放出去，中午挪一挪，晚上牵回来，大自然长啥吃啥，根本谈不上补饲。山羊虽耐粗饲，对管理条件要求低，但农村羊圈简陋、低矮、潮湿，且十分拥挤，羊抗病力差，发病率高。羔羊的成活率比较低，有的仅为65%左右，粗放式的管理使羔羊难过"初乳关"——奶不足，"断奶关"——拉稀，无谓地造成了一定的经济损失。

## （五）原因分析

（1）品种退化，经济效益低，是造成青山羊数量减少的主要原因。在青山羊的驯化过程中，自古以来一直是农户的自然选育，以生产猾子皮为主要目标，以成熟早、多胎性为选育方向。然而，由于目前青猾子皮销路不畅，养羊业由过去的以毛皮为主逐渐向以肉为主转变。青山羊又具有生长周期长、生长速度慢、产肉性能差等特点，与其他畜禽相比经济效益相对较低，与市场需求不相适应。目前，对山羊的消费主要以肉类消费为主，而青山羊一年产肉最多只有 12 kg 左右，而黄淮山羊、波淮杂交羊一年产肉达到 20 kg 以上，经济效益远远大于青山羊，从而造成大量的青山羊被养殖户淘汰，青山羊数量不断减少。

（2）农村劳动力结构发生较大变化，外出打工者增多，在家从事畜牧业生产尤其是养羊生产，不如外出打工挣钱多。饲养成本居高不下，羊的料肉比约为 7∶1，猪的料肉比约为 2.6∶1，牛的料肉比约为 6∶1，养羊的效益比最低，导致养羊效益增长空间受到压缩。

（3）科技投入不足，规模化、标准化养殖程度低。长期以来，青山羊饲养以一家一户的小规模庭院养殖为主，饲养管理粗放，难以实行标准化生产。

（4）舍饲技术需要进一步提高。山东省一直提倡发展草食家畜，鼓励养殖肉羊，积极推广舍饲技术。但是，从肉羊发展历程来看，舍饲技术不过关成为制约青山羊发展的瓶颈。虽然舍饲技术近年来有了很大提高，但舍饲养羊仍然存在一些问题，如母羊容易出现体质下降、流产、产后瘫痪、难产等问题，而羔羊往往出现弱胎、多病等。而规模养殖要进行放养，在人力、物力上又不容许。因此，舍饲技术不过关成为制约养羊业发展的瓶颈。

（5）国家相关扶持政策不够。国家从 2007 年开始，先后扶持蛋鸡、生猪、奶牛等行业发展，但对于养羊业发展，尤其是对于规模化养羊业的扶持基本为零。因此，导致一些有资本的农户选择养殖蛋鸡、生猪等畜禽，而养羊业只是农户的副业，不是发家致富的有效产业。

（6）饲料体系建设跟不上。青山羊养殖基本属于粗放式养殖，饲料主要是玉米秸秆，而苜蓿等优质牧草的推广有限，全株青贮技术在肉羊业发展上还没有进行推广，严重制约着青山羊养殖业的发展。

（7）养羊业发展中的其他制约因素。一是贷款难，圈舍和牲畜不能作为资产抵押，无法从银行贷款；二是用地难，畜禽规模养殖用地难以纳入土地利用总体规划，用地问题已成为加快规模化养殖业发展的制约因素；三是粪污处理难，环保压力日益增大，排污投入不断增加；四是规模化养殖饲料质量要求比牛更高，饲料来源少，人工种草投入大，饲养成本高；五是平原养羊放牧地或运动场过少。

## 二、发展方向与对策

加快繁殖育种速度，提高繁殖率是家畜育种追求的重要指标之一，无论是皮用品种还是肉用品种，都直接影响到其养殖的经济效益，而济宁青山羊性成熟早、繁殖率高是其鲜明的种质特色，有其独特的优势，符合畜牧业发展的要求。皮用方面，青猾子皮是我国的传统出口物资，现今仍有一定的市场。肉用方面，随着人们饮食和养生理念的科学化，羊肉越来越受到人们的喜爱。目前，我国羊肉的人均消费量仅占肉类人均消费总量的3.33%，济宁青山羊养殖有很大发展空间，青山羊羊肉也被越来越多的消费者所认可，逐渐树立起自己的品牌，发展前景良好。因此，济宁青山羊今后的发展应加快提纯复壮、去劣选优，在保持和充分利用其多胎高产优越性的同时，着力提高其生长速度，增加体重和产肉率，提高生产性能。当地政府也应加大对济宁青山羊的扶持力度，依托科研院所和高校，研究和推广一些切实可行的饲养方法，普及优良品种繁育、人工授精等先进技术，加强疫病防治；同时，改善养殖业贷款难的状况，带动养殖户的积极性，并在青山羊养殖、畜产品加工和销售上给予指导和帮助，使之形成稳定及强大的产业链，推动青山羊养殖业的复兴与壮大。

## （一）加大科技投入

从提高青山羊的生产性能入手，提高青山羊的生长速度，提高青山羊的产肉性能，建立和完善种羊繁育体系，加快种羊育种进程，提高优质种羊利用率。政府要加大对青山羊的科研经费投入，建立地区性的育种场、繁殖场，形成良种繁育体系，制定出优良品种的标准，并尽快在育种场、繁殖场内实施。从宏观上加以引导，并严格把关、审批、全局控制种羊的引入和利用，重视种羊场的建设，从而更好地保证引入品种的扩繁、饲养以及利用等相关工作的持续开展。

## （二）加强保种力度

济宁青山羊的养殖规模与毛皮市场的兴衰息息相关。改革开放以来，我国市场与国际市场逐渐接轨，养羊形势也伴随国际市场需求的变化发生了很大的变化，给青山羊的养殖带来了巨大的冲击。同时，由于青山羊个体小、生长慢，在近年来肉用市场需求较大的趋势下，没有丝毫优势。为防止济宁青山羊这一优良品种和优良基因流失，国家应适当加大扶持力度，加强保种场建设，以提高现有保种场的生产水平和保种供种能力。

## （三）加强品种选育

高繁殖率始终是家畜选育追求的重要指标之一。济宁青山羊性成熟早、繁殖力快、种质特色明显。因此，要充分利用青山羊生长发育快及繁殖率高的特点与其他肉用羊展开种间杂交，选育优质肉羊品种，提高生产性能。在生产猾子皮方面，通过对毛色、花纹形状和面积的选择，提高优质青猾子皮的比例，特别是甲级青猾子皮，提高市场竞争力。除此之外还要开展品系育种，在不同类型的优质品系之间扩大繁育。

加快肉羊生产技术的配套和推广体系的建设。应重点加强青山羊舍饲技术的研究与推广工作，解决目前存在的"规模养殖不挣钱"的尴尬局面，解决好青山羊舍饲的营养及疫病问题，推广常规育肥技术和羔羊育肥策略。

### （四）改变养殖模式

耕地的不断减少使放牧条件受到限制，一家一户的散养，养殖数量少、养殖条件差、营养状况跟不上，都制约着济宁青山羊的养殖规模。虽然青山羊有较好的适应性和抗病能力，但是随着现代农业的发展、养殖条件等限制因素的变化，需将济宁青山羊家庭副业养殖模式改为舍饲养殖。舍饲养殖不仅可提供良好的环境，还能使养殖技术更上一层楼。

舍饲养羊模式必将是济宁青山羊繁殖复壮的好出路。在有条件的地方，如单县黄河故道区、太行堤河、黄白河、大沙河两岸探索实行科学的、有规划的舍饲和放牧相结合的生产模式。

引导鼓励发展规模养羊。鼓励养羊大户走出庭院建羊场，支持统一规划布局建设养羊小区，建议有条件的乡镇建设规模养羊示范场，引导养羊向区域化、规模化方向发展；进一步加大招商引资力度，加速养羊业产业化进程。要把青山羊生产、加工、销售的产业链做大、做强。

### （五）加强饲草饲料体系建设

为了适应规模养羊的需要，可以调整出一定的田地种植优质牧草，这样不仅可以提高饲草的营养价值，满足山羊生长发育的需要，还可以提高单位土地的利用率和经济效益，解决冬季青饲料短缺的矛盾。同时，开展最佳营养需要与饲料配方研究，生产高质量的系列预混料、浓缩料和精料产品。同时积极推广全株青贮技术，加快青山羊发展的饲料体系建设。

### （六）推广秸秆微贮技术，提高农作物秸秆的利用率

农作物秸秆经过"青贮、氨化、微贮"等技术处理后，不仅可改善适口性，同时还提高了营养价值和消化率，如经氨化的秸秆饲料粗蛋白质含量由5%上升到9%。

### （七）加强组织领导，加大扶持力度

政府应在大力发展畜牧业的同时，把发展投资小、见效快的养羊业放到一个突出的位置。由政府部门牵头，组织产业协会，加强对养羊业的组织领导，协调管理，制定相应的优惠政策，促其加快发展。制定总体规划，积极帮助龙头企业争取资金，扩大规模。金融部门要协同相关部门采取灵活方式向养羊户发放小额贷款，给予适当的贴息政策，用于购置母羊，扩大规模，加快发展。畜牧部门要加强技术指导，提高疫病防治措施，拓宽服务范围。科技部门要围绕阻碍青山羊发展的关键问题，组织科研院所的专家开展科技攻关。

# 第二节　品种形成历史及种质特征

## 一、品种形成历史

青山羊原产于山东省菏泽、济宁两市。主要分布在山东省菏泽、济宁两地20多个县区，以单县、曹县、郓城县、牡丹区、成武县、嘉祥县、金乡县等县区数量多、品质好，是产区人民长期饲养过程中培育的羔皮用山羊品种，形成历史长，其羔皮即青猾子皮闻名中外。20世纪30年代，从"济宁路"远销欧美、西亚，其皮薄毛细，花形有波浪、流水及片花等，清晰美观，光泽秀丽，为轻裘上品，闻名于国际市场，也是我国传统出口商品之一。

该品种已被列入《中国畜禽品种志》和《山东省地方畜禽良

种志》，2000 年被农业部（现农业农村部）列入《国家级畜禽品种资源保护名录》，为全国 78 个重点保护地方畜禽品种之一。

## 二、种质特征

### （一）外形特征

济宁青山羊体形小，结构紧凑。头较小，上宽下窄呈三角形，鼻直，眼大有神，公羊额部有较长的卷毛。公母羊均有长须，公羊更发达。公母羊均有角，向上或向后上方生长。公羊角粗壮，呈三角形，向后方生长；母羊角细长，略向后外方倾斜。两耳与头呈十字交叉，向左右两方伸展。公羊颈部粗短，母羊较细、扁长。背腰平直，腹部较大，后躯发育良好，尻微斜，尾常上举，四肢粗短结实，整个体躯呈长方形，体格较小，群众称为"狗羊"。被毛由黑白两种纤维组成，外观呈青色，全身有"四青一黑"特征，即背部、唇、角、蹄为青色，两前膝为黑色。被毛中黑白二色毛的比例不同又可分为正青色（黑毛数量占 30%～60%）、粉青色（黑毛数量占 30% 以下）、铁青色（黑毛数量占 60% 以上）3 种。

### （二）品种特性

体格特征：青山羊体格较小。济宁青山羊成年公羊平均体高、体长、胸围和体重分别为：（59.14±0.01）cm，（60.79±0.60）cm，（74.86±0.01）cm，（28.76±2.84）kg；成年母羊分别为：（54.26±2.48）cm，（59.52±4.02）cm，（71.09±4.56）cm，（23.13±4.81）kg。

毛绒产量：成年公羊产毛 300 g 左右，产绒 50～150 g；母羊产毛约 200 g，产绒 25～50 g。绒品质测定结果表明，原绒含绒率约 54.16%，洗净率约 83.22%，绒平均细度 14.42 gm，伸直长度约 4.40 cm，强度约为 3.79 g，伸度约为 35.09%。

繁育特性：青山羊生长快，性成熟早，4 月龄即可配种，母羊常年发情，年产两胎或两年产 3 胎，一胎多羔，平均产羔率为

293.65%。山羊排卵数一般 2~3 个，而济宁青山羊可达 5 个以上。母羊发情周期 15~17 d，持续期 1~2 d，每次排卵 2~6 个。妊娠期平均 146 d，利用年限 6~8 岁，终生可产 12 胎以上。

主要产品：主要产品是猾子皮，羔羊出生后 3 d 内屠宰，其特点是毛细短，长约 2.2 cm；紧密适中，在皮板上构成美丽的花纹，花形有波浪、流水及片花，为国际市场上的有名商品。皮板面积 1 100~1 200 cm²，是制造翻毛外衣、皮帽、皮领的优质原料。皮板薄而致密，鞣制后厚度不超过 0.55 mm，被毛呈丝光或银光光泽。制成女式大衣仅重 0.85 kg，为轻裘上品。

产肉性能：济宁青山羊个体小，个体产肉量低于其他品种，但繁殖率高，生产总量亦高，可弥补个体的不足。屠宰率为 42.5%，与其他地方山羊品种无异。其羊肉别有风味，能加工成很多种食品和菜肴，但最有代表性的要数羊肉汤。冬饮保暖，夏饮清凉，常饮有滋补益阳、温中健脾、祛寒保健功效。青山羊所产羊肉肉色为红色，颜色比其他羊肉略重，脂肪雪白坚硬，煞是鲜艳。肉味略带膻味。

## 三、生活习性

济宁青山羊具有一般山羊的生活习性，也有自己的特点。

### （一）活泼好动，喜登高

青山羊生性胆大活泼，不畏峻险，行动敏捷，喜欢登高，善于游走，有"精山羊、疲绵羊"之说。在其他家畜很难爬上去的悬崖陡坡上，可行动自如地采食。喜欢在较高的地方站立和休息，有时把前肢搭在树枝上后肢直立采食，即喜欢吃"望头草"。青山羊十分机灵，可在绵羊群中充做头羊。

### （二）适应性更强，采食性更广

青山羊对不良环境的适应超过绵羊、牛和马，同骆驼相似。其采食范围更广，俗话说："羊吃百样草"。青山羊嘴尖、唇薄、牙齿锐利，可以采食各种青草、干草、作物秸秆、糠麸、秕壳、灌木嫩叶、块根、瓜果、树枝、树叶甚至树皮及各种无毒野草等，并且对有些毒草还有一定的解毒作用。青山羊的相对采食量和对饲料中干物质尤其是粗纤维的消化利用率明显高于其他家畜，所以青山羊较其他家畜更能安全度过冬春枯草季节，具有更强的抗春乏能力。

### （三）爱清洁，喜干燥，恶潮湿

青山羊喜欢吃新鲜、清洁的草料，爱饮干净流动的水。遇到被污染、践踏或霉烂变质、腐败、陈旧、有异味、怪味的草料和饮水，青山羊只是轻轻一嗅而过，宁肯忍饥挨饿也不愿啃食和饮水。青山羊喜欢干燥的生活环境，若羊舍或运动场潮湿，更容易使青山羊得病，尤其是腐蹄病，在这种环境中，青山羊宁愿站立也不肯躺卧休息。因此，要求青山羊舍干燥，背风向阳，冬暖夏凉，排水良好。要求饲草和饮水新鲜、清洁卫生，对放牧青山羊，要根据牧地面积、牧草质量、山羊数量，按照一定的次序，分区轮牧，并清除水源周围的粪便，减少水源污染。舍饲青山羊，舍内要设立专门的水槽、料槽。有条件的地方，可在舍内设置木床，悬挂草架，在床上饲养，改善羊舍环境。

### （四）合群性强

青山羊喜群居游走，单独关养的山羊表现不安，游走掉队的山羊即可随声赶上羊群。如果把几群山羊或几家的山羊混合放牧，归牧时它们会自己分开各进各的圈门。在大群放牧时，只要有训练好的头羊带领，头羊可以按照牧工发出的口令，带领羊群向指定的路线移动；个别羊离群后，只要牧工发出适当口令，就会很快归群，所以其放牧和管理比较方便。

### （五）青山羊耐苦力、抵抗疾病的能力更强

青山羊体质健壮，抵抗疾病的能力更强，很少有传染病发生，但山羊寄生虫病多。若感染疾病后，在发病初期或小病，其症状不

甚明显，往往不易被发现，因此，饲养管理员应经常留心观察青山羊动态，如有异常情况，及时采取措施。其耐饿力比较强。在气温较高的情况下，绵羊食欲会降低，而青山羊不会，也没有"扎窝子"的现象。

## 四、产地环境

济宁青山羊产于山东省西南部，属温带大陆性季风气候，地形除梁山、巨野、嘉祥有零星山丘外，均为黄河冲积平原及湖洼地。地势西高东低，略有起伏，海拔为 50 m 左右。境内河流、湖泊多。土壤为黏土、沙土和碱土。产区春秋季短，冬夏季长，四季分明。年平均气温为 13.2~14.1℃，极端最高气温为 42℃，极端最低气温为-21.8℃，年平均相对湿度为 68%，年降水量为 650~820 mm，多集中在 6—8 月，最大积雪深度为 13~19 cm，无霜期为 200~206 d。农作物主要有小麦、大豆、玉米、高粱、谷子、甘薯、棉花、花生等。林木有杨树、柳树、榆树、刺槐、桐树等，另外还有柳条和蜡条。野生牧草有拉秧草、节节草、水盖草、星星草、芦草、茅草等。产区地势平坦，气候温和，雨量适中，无霜期长，农林副产品充足，为饲养济宁青山羊创造了良好条件。

济宁青山羊适应性强，除主产区外，目前在山东其他地区及河南、河北、山西、贵州和东北一带也有养殖。

## 第三节 产品特点与开发利用

### 一、羔皮

济宁青山羊羔皮又叫青山羊猾子皮。流产或生产后 3 天内的羔皮羊品种所剥取的毛皮，称为羔皮。羔皮毛短而稀，花案奇特，美观悦目，皮板轻薄。一般是露毛外穿，用以制作皮帽、皮领和翻毛大衣等。

**（一）青猾子皮的主要特点**

（1）被毛色泽。青猾子皮的颜色是由黑色、白色毛混生而形成青色。由于黑毛和白毛的比例不同，可分为正青色、铁青色和粉青色。被毛多成银光和丝光，其中比较细的被毛光泽较好，粗糙的被毛光泽欠佳。

（2）花纹类型。青猾子皮的被毛有较细的粗毛纤维组成。根据毛细短紧密程度和弯曲弧度的大小，按照毛的卷曲情况和排列形成的图案，可分为波浪花、流水花、片花和隐暗花4种，但以前3种居多，波浪花形最美观。

波浪花形。由于毛的弯曲一致，排列整齐形成波浪状起伏的卷曲，向后或向两侧分布。组成被毛的毛纤维具有两个近似半圆形的弯曲紧贴皮板，呈卧"S"形。被毛一旦离开皮肤，第一个弯曲弧面向下贴近皮肤，形成凹陷波，第二个弯曲弧面向上形成高波，形似一波连一波的整齐波浪。每个波的宽度在 $1\sim1.5$ cm，长度不等。

流水花形。毛纤维根部直，上部有一较大的弓形弯。因只有一个弯曲，不形成高低波浪，而呈现流水样花形。

片花形。毛的弯曲状态基本与波浪花形相似，但形成的花弯排列不整齐，多在脊背两侧形成不规整的一片片的波浪形花。

阴暗花形。大多数被毛在毛的上端有 $2\sim3$ 个小的波形弯曲，而小波形弯形成的花纹不明显，只在毛面上呈现出隐暗形花纹。

（3）皮张大小。青猾子皮的平均皮长为 39.1 cm，平均皮宽 29.5 cm；羔皮平均面积为 1 153.5 cm$^2$，皮厚颈部为 0.63（0.58~0.81）mm，背部 0.58（0.45~0.75）mm，尻部 0.51（0.43~0.65）mm，鞣制后，颈部平均厚度为 0.55（0.45~0.73）mm，背部 0.53（0.42~0.69）mm，尻部 0.49（0.41~0.62）mm；生干皮平均重为 75（45~105）g，经鞣制后平均重为 65（40~95）g；制成的皮大衣筒850g，制成的妇女皮大衣的重量 1 200 g 左右。青猾

子皮的毛长平均为（2.2±0.3）cm，细度平均为 44.4~55.5 um，毛的密度平均为每平方厘米皮肤面积 1 056.3 根。

**（二）青猾子皮的商业分级**

（1）加工要求。宰剥适当，形状完整，全头全腿，按标准钉成梯形晾干。

（2）等级规格。

一等品：毛密度适中，毛长约 1.33 cm，毛色呈正青色或略深浅；花纹清晰，波浪花纹约占全皮面积的 50% 以上，色泽光润，板质良好，皮面积约为 1 134.1 cm²。

二等品：与一等品相比，毛色较深或较浅；毛略长或略粗，花纹隐暗，皮面积约为 1 070.3 cm²。

三等品：毛色铁青或粉青，毛略粗直而空，毛略长或略短而有花纹。

不符合等内要求的或毛过粗、过长，杂色皮为等外品。

（3）等级比差。

一等品 100%、二等品 75%、三等品 50%、等外品 20% 以下，按质论价。

（4）分级说明。

①带轻微伤残，不算缺点：伤残严重的或皮板过薄，两肷毛过空疏或枯燥、花腰皮、边缘部位有伤残、皮中心有折痕伤，酌情降等级。

②量皮方法：从颈部中间至尾根量皮长，选腰间适当部位量皮宽，长宽相乘得出面积。

## 二、板皮

指成年羊屠宰后所剥取的皮张（原皮）的总称，或专用于制革的生皮。山羊板皮是我国传统出口商品之一，从 20 世纪初就已开始出口了，目前国际市场上特别流行制作各种男女高档皮鞋、皮夹克、皮手套、皮帽、提包、票夹等。山羊板皮的品质优劣，根据产品的固有特征而确定。主要品种按品质情况排列优劣的次序是四川路、汉口路、济宁路、华北路山羊板皮。济宁青山羊板皮即属于济宁路。

质量规格：主要产区为山东省，大部分为青色，也有少数黑色、白色，毛较细短，皮板稍薄，细致，有油性，张幅较小近似长方形。

等级规格：济宁路主要分：1/2级；比例：70%/30%；色泽比：全青杂色 100% 或青杂 80% 白 20%；磅重要求：每百张平均重 100/120lb（磅）或 120/140lb（磅）。

出口等级。

一级：产自健康之羊身，宰剥适当，皮张完整，皮质良好，允许有下列一条缺陷，①板皮略薄，但富有弹性、韧力和光泽；②已愈之伤痕，毛面已生新毛。

二级：宰剥适当，皮形完整，皮板较薄或较厚，或其有一级皮质量而具有下列一条缺陷，但使用价值达 80% 以上，①略有疥癣，或有轻微剐伤、擦伤，或板面稍粗糙；②有轻微疔痘，或轻微病伤，或局部有击伤瘀血者；③有病伤、破洞 3 处，每处面积不超过 4 cm²；④有轻微冻伤、陈旧伤、烟熏等，但仍具韧力者。

三级：宰剥适当，皮形完整，板皮瘦薄，或具有一二级皮质量，具有下列一条缺陷但使用价值达 60% 以上，①有较重之疥癣；②板面有破洞、疔、痘，或有刺剐伤、擦伤等，只限 6 处，每处面积不超过 10 cm²；③皮板冻伤较重，呈现白色痕迹，皮纤维组织显松软者。

## （一）宰杀和剥皮方法

宰杀放血前，应将羊只固定好，防止血液污染毛皮。宰杀方法是在羊的颈部纵向切皮肤，切口长 6.6~6.9 cm，然后将刀子伸入切口内挑断颈静脉血管和气管，或拉出咽喉部的血管切断放血。

放血完毕后，将羊四肢朝上，放在洁净板子上或洁净平整的地面上，立即剥皮，以免增加剥皮的难度，伤残皮板。剥皮的方法是用尖刀在腹中线先挑开皮肤层，向前沿胸部中线挑至下颚的唇边，回手向后沿中线挑至肛门外，遇阴囊沿一侧绕开，然后从两前肢和两后肢内侧各切一线，与胸腹纵线垂直，直达蹄间，并在四肢蹄冠处做环行切开。先剥头、颈部，后剥四肢外面，仅留颈、肩、背、臀部等，然后，捆住后腿倒挂，将尾根切开，逐渐往下剥皮，由臀到肩、颈、头部，在剥背线时，将毛皮往下拉，就能很快剥下。在整个剥皮过程中要随时用刀将残留在皮上的肉屑、油脂刮掉。剥下的皮要完整，特别是羔皮，要保持全头、全耳、全腿，并去掉耳骨、腿骨、尾骨。公羊的阴囊要尽可能留在羔皮上。因此，必须谨慎仔细，防止撕伤、割伤和污染皮肤。

## （二）羊皮的防腐

为了防止剥取下的羊皮变质腐败，在冷却后应立即进行防腐处理。防腐就是在羊皮内外造成一种不适宜细菌和酶作用的环境，以保证羊皮的品质。方法主要有以下几种。

### 1. 干燥法

这种方法是在温度为 $20 \sim 30℃$，湿度为 $45\% \sim 60\%$ 的条件下，将鲜皮晾干到水分含量为 $12\% \sim 16\%$ 的状态，达到暂时防腐保鲜的目的。具体操作：毛皮除去肉屑、血块、油脂、泥土等杂质后，将毛抖顺，皮板向下，毛面向上，平铺在木板上。将头部、四肢按自然姿势拉平，但不要过分拉直，直到板皮定型后揭下，再将皮板朝上，放在阴凉处风干。当生皮的水分含量降低到 $15\%$ 时，就不利于细菌的繁殖，可暂时抑制微生物的活动而达到防腐的目的。毛皮晾干后，将板面相对叠起，$10 \sim 20$ 张一小捆，分级堆放。这种方法操作简单，加工时间短，经济，皮板洁净，便于贮存和运输，但皮板僵硬，容易折裂，贮藏时易受蛾虫损伤，并且干燥过度的生皮，难以浸软。因此，贵重的毛皮，应当采用其他方法防腐。

2. 盐腌法

采用干燥食盐或盐水来处理准备好的鲜皮,用于保存生皮。该方法几乎不影响生皮固有的天然质量,并且可以长期保存而不变质。

(1) 干盐腌法。将整理好的鲜皮毛面朝下,板面向上,展开铺好,在皮板上撒一层盐,涂擦均匀,然后再在皮上面铺一张皮,撒一层较厚的盐,直到堆高 1 m 左右。最上面一张皮撒盐稍薄一些。为了防止撒盐不均,一般 5~6 d 翻动一次,把上层的皮翻到底层,每张皮上再撒一层盐,再经 5~6 d 时间,待皮腌透后取出晾晒。腌制羔皮时,在板面上撒一层磨碎的食盐,两张羔皮板面相对,50 张垒成一堆,腌制 2~3 d,然后按要求摆开、晾干,待干燥后,清理上面的食盐,再堆放存好。

(2) 盐水腌法。先在容器中配制浓度为 25% 左右的食盐溶液,将准备好的鲜皮放入其中,浸泡 16~24 h,其间每隔 6 h,添加食盐使溶液浓度保持恒定。在腌制时,可把毛皮上下翻动数次,溶液的最适宜温度为 15℃。然后将皮取出,滴液 48 h,再用干盐撒在皮板上,加以保存。该法可使盐渗透迅速而均匀,细菌和酶的作用停止快,不会形成掉毛现象,并且羊皮紧实而有弹性,更耐贮藏。

### (三) 羊皮的贮藏和运输

生皮经过防腐或晾干后,可将其板对板,毛对毛,用细绳捆成小捆,加上防腐剂,放在专门地方堆放和短期保存。堆放的地方应保持干燥、洁净、凉爽,气温不宜过高,不要经常透进阳光,防止温度上升,并设置适当的通风口,使空气流通。在堆放生皮的下面应垫上木条、席子或其他防潮物品,上面要有防雨、防晒盖布,与墙和地面应留有 10~20 cm 的距离,以防霉烂。

由于毛皮容易受潮霉烂、虫蛀鼠咬,因此若没有加工揉制设备时，不宜长期存放，应及时出售和调运。运输时应注意防止潮湿。凡潮湿的毛皮，应干燥后再发运，以免中途变质受损。在雨季运输时，需要有足够的防雨设备。在运输过程中，应使被毛向里，板皮向外，用麻绳捆好，每捆重80 kg，以便运输。运到终点时，必须迅速放置在合适的地点。

# 三、羊肉

羊肉是养羊业重要产品之一，在我国肉类生产中，其产量居第三位，是我国广大城乡居民膳食中不可缺少的食品。发展羊肉生产，是提高养羊业经济效益的一条重要途径，是满足人们追求高蛋白质、低脂肪、低胆固醇等高营养肉食消费的需要，是实现畜牧业可持续发展的必由之路。尤其是发展羔羊肉生产，其瘦肉多、脂肪少、肉嫩易消化，是理想的肉食品，并且羔羊生长快、饲料报酬高、成本低、效益高，是羊肉生产的趋势。

## （一）羊肉的成分及营养特点

羊肉纤维细嫩，属于高蛋白、低脂肪、低胆固醇的营养食品，其所含主要氨基酸的种类和数量，能满足人体的需要，尤其是羔羊肉具有瘦肉多、肌肉纤维细腻、脂肪少、膻味轻、味美多汁、易消化等特点，颇受消费者欢迎。

羊肉味甘性温，益气补虚，强筋壮骨，具有独特的保健作用，经常食用可以增强体质，使人精力充沛，延年益寿。

目前，世界上许多国家的消费者都喜食羊肉，羊肉与其他肉类相比，胆固醇含量较低。据测定，每100 g可食瘦肉中的胆固醇含量：羊肉为65 mg，牛肉为63 mg，猪肉为77 mg，鸡肉为117 mg，兔肉为83 mg。每100 g肉的脂肪中，羊肉含胆固醇29 mg，牛肉含75 mg，猪肉含100 mg。由此可见，羊肉的胆固醇含量比较低，是中老年人尤其是心脑血管系统疾病患者理想的营养佳品（表1-1）。

表 1-1　各种畜禽鱼肉胆固醇含量比较　　　　　（mg/100g）

| 肉类 | 胆固醇 | 肉类 | 胆固醇 | 肉类 | 胆固醇 |
|------|--------|------|--------|------|---------|
| 山羊肉 | 60 | 鸡肉 | 60~122 | 鳝鱼 | 150~210 |
| 绵羊肉 | 70 | 草鱼 | 81 | 牛肉 | 125 |
| 兔　肉 | 60~80 | 鲤鱼 | 83 | 猪肉 | 126 |

从表 1-2 中，我们可以看出：羊肉含蛋白质比牛肉低，比猪肉高。

表 1-2　几种主要肉类成分的比较　　　　　　　　（%）

| 成分 | 羊肉 | 牛肉 | 猪肉 |
|------|------|------|------|
| 水 | 48~65 | 55~60 | 49~58 |
| 蛋白质 | 12.8~18.6 | 16.1~19.5 | 13.5~16.4 |
| 脂肪 | 16~37 | 11~28 | 25~37 |

研究表明，羊肉中还含有比较多的肉碱。肉碱是脂肪代谢过程中的一种关键的物质，能够促进脂肪酸进入线粒体氧化分解，可以说肉碱是运输脂肪酸的载体。肉碱还有防止脑老化的功能。

菏泽产区青山羊不论在肉色、大理石花纹、pH 值、系水力等各项指标均比白山羊、波白杂一代山羊表现突出。青山羊除了羊肉脂肪含量低外，可消化蛋白质的含量较高，氨基酸种类齐全，饱和脂肪酸含量也高于绵羊肉、猪肉和牛肉，钙、磷、铁、铜、锌、镁的含量高于猪肉和牛肉。羊肉色红脂白，可加工成多种食品和菜肴。青山羊羊肉独具特色，由于体型比较小，比较清秀，其皮下脂肪沉积少，胶原蛋白比其他羊高出许多，具有独特的味道，是养颜美容佳品。

**（二）羊肉的品质和规格**

1. 羊肉的品质

羊肉的品质受品种、性别、年龄、营养水平、屠宰季节等因素的影响。对羊肉品质的要求，随消费者的食用需求不同而有差异。

一般包括以下几个方面：

（1）肌肉丰满、柔嫩。胴体的肌肉百分率要高、骨的百分率要低，出肉率高。胴体中肌肉丰满，脂肪适中，柔嫩、多汁，肉有香味。要想胴体的肌肉丰满，脂肪适中，只有当年羔羊的肥羔肉最好。

（2）肉块紧凑、美观。这种肉消费者最欢迎。肉块小而紧凑，切割容易。烹调时可以切成多种形态的鲜嫩肉片，适合各种菜谱的配制。

（3）脂肪匀称、分布均匀。皮下脂肪和肌肉间脂肪含量要适中，皮下脂肪均匀地分布在胴体的整个表面，可防止羊肉胴体在贮藏、运输和烹调时不易干燥；肌肉间脂肪分布均匀，切割时肌肉呈大理石花纹状。

（4）肉细、色鲜、可口。肌肉纤维细嫩，肌肉和脂肪含水少，肌肉间脂肪含量高，形似大理石花纹状。大理石花纹状脂肪能使肉嫩味美。肉色以浅红至鲜红为佳，脂肪白色为佳，不要黄色脂肪。一般动物出生时，肌肉细嫩，但缺乏香味，随着年龄的增长，肉质逐渐变得粗韧，香味增加。因此，对羔羊应加强饲养使其在年龄尚轻时就达到理想的膘度，此时屠宰最为适宜，肉质细嫩又富有香味。

（5）理想肥羔胴体的形态。胴体表面应均匀地分布一层皮下脂肪，脂肪洁净呈乳白色，肌肉鲜红丰满，躯体呈圆桶状，粗而短，骨不外露，腿较短。胴体倒挂时，两腿之间呈"U"形。

2. 羊肉的规格标准

我国山羊肉规格标准如下。

一级：肌肉发育好，除肩胛部较高处和脊椎隆起部稍微外露外，其他部位的骨骼不突出体外，皮下脂肪布满全身，但肩、颈部脂肪层较薄。

二级：肌肉发育中等，肩胛部、背部及脊椎稍有外露，背部布满较薄的皮下脂肪，腰部和肋部稍有脂肪覆盖，在荐部、臀部有肌膜露出。

三级：肌肉发育较次，骨骼隆起，露出体外，胴体表面有很薄的脂肪层，但肌肉发育较好，胴体表面无脂肪者也可以列为三级。

### （三）羊肉的性能测定和胴体剖分

1. 肉羊的屠宰

（1）宰前准备。准备屠宰的肉羊，宰前必须进行健康检查，保证无传染病。屠宰前 24 h 停止放牧和饲喂，临宰前 2 h 停止饮水，以便放血充分，剥皮容易，防止胃肠道内容物过多，造成解体困难。

（2）屠宰过程。经过活体检查合格的羊，便可以屠宰，屠宰时防止羊只惊恐或过于挣扎，以免引起血液流入肌肉，造成内脏和尸体放血不全。将羊固定在屠宰用的木凳或木板上，用屠宰刀在下颌附近割断颈动脉，并顺下颌将下部切开，充分放血，注意不要割破食管。然后趁尸体温热时进行剥皮，沿腹部中线切开皮肤，向前沿胸部中线挑至嘴角，向后经过肛门挑至尾尖，再从两前肢和两后肢内侧，垂直于腹中线向前后肢各挑开两条纵线，前肢到腕部，后肢到飞节。剥皮时尽量少用刀剥，最好用拳击法，方法是一手握紧切开的羊皮边缘，另一手握拳捶压肌肉，即可使羊皮与松软的皮下组织分开，皮上力求不带肉脂。剥下的羊皮毛面向下，平整铺在地上晾干。

（3）剖腹摘取内脏。羊皮剥完后，接着去头去蹄。从寰枕关节处切断去头，前肢至桡骨以下切断，后肢至胫骨以下切断去蹄。然后用吊钩倒挂在横杆上，剖腹取内脏。沿腹中线开膛，除留肾及肾脂肪外全部内脏出膛。

（4）肉羊产肉力测定。

①胴体重：指屠宰放血后，剥去毛皮、去头、去内脏及前肢膝关节和后肢飞节以下后的胴体（保留肾及其周围脂肪），静置

30 min后的重量。它是度量羊产肉性能的绝对重量指标，在相同的条件下，胴体越重，产肉性能越好。

②净肉重：指用温胴体精细剔除骨头后余下的净肉重量。要求在剔肉后的骨头上附着的肉量及耗损的肉屑量不能超过300 g。

③屠宰率：是指胴体重加上内脏脂肪重（包括网膜脂肪和肠系膜脂肪）与屠宰前空腹24 h羊活重的百分比。即：

屠宰率＝（胴体重＋内脏脂肪重）/宰前活重×100%

④净肉率：指净肉重占宰前体重的百分比。即：

净肉率＝净肉重/宰前活重×100%

⑤骨肉比：指胴体骨重与净肉重之比。

⑥眼肌面积：眼肌是沿脊椎两侧的纵长肌肉，在育种上称眼肌，解剖学上称背最长肌，在肉品加工上称大排。眼肌面积是指第12至第13肋骨间脊椎上背最长肌的横断面积。眼肌面积是衡量肉羊胴体品质的指标之一，在同一品种中，眼肌面积大，瘦肉率就高。可采用以下方法估测：用硬尺准确地测量眼肌的高度和最宽度。

眼肌面积（cm$^2$）＝眼肌高度×眼肌宽度×0.7

⑦GR值：指羊胴体第12对、第13对肋骨间距背脊中线11 cm处的组织厚度，是胴体脂肪含量的标志。用小钢尺量取。我国制定的羊肉质量分级标准（NY/T 630—2002）中，将GR值称为肋肉厚，其大小与胴体膘分的关系：0~5 mm胴体膘分为1（很瘦）；6~10 mm胴体膘分为2（瘦）；11~15 mm胴体膘分为3（中等）；16~20 mm胴体膘分为4（肥）；21 mm以上胴体膘分为5（极肥）。

2. 胴体剖分

羊的胴体大致可分成五大块。即：

后腿肉是从最后腰椎处横切。

腰肉是从第12对与第13对肋骨之间横切。

肋肉是从第12对肋骨处至第4与第5对肋骨间横切。

肩胛肉是从肩胛骨后缘至第 4 对肋骨前的整个部分。

胸下肉是指从肩端到肋软骨以及腹下无肋骨部分，包括前腿桡骨以下。

胴体上最好的肉为后腿肉、腰肉。其次为肩胛肉。这些部位的肉含有比较完全的蛋白质。

**（四）羊肉的品质评定**

（1）肉色。指肌肉的颜色。肉色由组成肌肉中的肌红蛋白和肌白蛋白的比例决定，也与肉羊的性别、年龄、肥度、宰前状态、放血的完全与否、冷却、冻结等加工情况有关，一般鲜红色或微暗红色为正常颜色。也可采用目测法和仪器法，参照五级标准进行评定。

（2）大理石纹。指肉眼可见的肌肉横切面红色中的白色脂肪纹理结构。白色纹理多而显著，表示蓄积较多的脂肪，肉多汁性好，是简易衡量肉含脂量和多汁性的方法。可通过选取第一腰椎部背最长肌肉样新鲜切面观察，并借用大理石纹评分标准图，按五级评分标准进行评定。

（3）酸碱度（pH 值）的测定。指羊被宰杀停止呼吸后，在一定条件下，经过一定时间所测得的 pH 值。采用酸度计测定肉样，鲜肉 pH 值 5.9~6.5；次鲜肉 pH 值 6.6~6.7；腐败肉 pH 值 6.7 以上。

（4）失水率测定。失水率是指羊肉在一定条件下，经过一定时间所失去的水分占失水前肉重的百分数。失水率越低，表示保水性能强，肉质越好。可选取第一腰椎部背最长肌 5 cm 肉样一段，用圆形取样器切取中心部分 1 cm 厚度眼肌一块，称重，然后放置于铺有 18 层中性滤纸的压力计平台上，肉样上方覆盖 18 层中性滤纸，上下各加一块书写用塑料板，加压至 35 kg，保持 5 min，解除压力，立即称重。计算公式如下：

$$失水率=\frac{肉样压前重量-肉样压后重量}{肉样压前重量}\times100\%$$

（5）系水率测定。系水率是指肌肉保持水分的能力，用肌肉加压后保存的水量占总含水量的百分数表示。与失水率概念不同，系水率高，则肉的品质好。参照食品分析常规法测定，公式如下：

$$系水率=\frac{肌肉总水分量-肉样失水量}{肌肉总水分量}\times100\%$$

（6）熟肉率。指肉熟后与生肉的重量比率。宰杀后 12 h 内，取腰大肌中段 100 g，剥离肌外膜脂肪，称重（$W_1$）；再将样品置于沸水中蒸煮 45 min，取出冷却 30~45 min 或吊挂于室内无风阴凉处 30 min 后再称重（$W_2$），计算公式如下：

$$熟肉率=\frac{熟肉重（W_2）}{生肉重（W_1）}\times100\%$$

（7）肉的嫩度。指肉的老嫩程度，是人在食肉时对肉的撕裂、切断和咀嚼的难度，嚼后在口中留存肉渣的大小和多少的总体感觉。它受羊品种、年龄、性别、肉的部位、肌肉的结构、成分、肉脂比例、蛋白质的种类、化学结构和亲水性、初步加工条件、保存条件和时间、熟制加工的温度、时间、技术等因素影响。通常可采用仪器评定和品尝评定两种方法进行。

（8）膻味。这是绵羊、山羊所固有的一种特殊气味。我国北方大部地区有喜食羊肉的习惯，但江南相当多的城乡居民不习惯膻味，而不喜欢吃羊肉。膻味的鉴别直接采取煮沸品尝法，凭咀嚼感觉来判断膻味的浓淡程度。

### （五）影响羊肉品质的因素

影响羊肉品质的因素主要是羊的品种、性别、年龄、营养状态和屠宰部位。

（1）品种。不同品种的羊，产肉性能和品质也不一样。早熟的肉用品种容易育肥，一般都在幼龄时屠宰，体重为 36~40 kg 时，肉质好，肉块含脂肪量较少，细嫩可口。青山羊可在18个月龄，体重23~27 kg屠宰。

（2）性别。一般去势的羊增重快、屠宰率高，脂肪沉积好，分布均匀。公羊的发育比去势羊和母羊快，但脂肪分布不良，肌纤维较粗，屠宰率低，有特殊的膻味。

（3）年龄。羔羊骨细多肉，肌肉纤维细嫩，脂肪少，膻味轻，味美多汁，容易消化。随着年龄的增长，若超过5岁，则脂肪贮积增多，颜色变得暗红，肌肉纤维变粗，肉的品质差。

（4）营养。营养条件的好坏不仅影响胴体形态，而且还影响羊肉的组成成分。良好饲养条件，可使羊只体躯宽深，腿短，肌肉丰满，皮下脂肪适中，屠宰率高，净肉多，肉的品质好，营养价值高。

（5）胴体部位。胴体上最好的肉为后腿肉、腰肉。胸下肉品质差。

**（六）羊肉的贮藏与加工**

（1）羊肉的贮藏。羊肉中含有丰富的营养物质，是微生物繁殖的良好场所。如果贮藏不当，外界微生物会污染并大量繁殖，致使肉腐败变质，因此需要进行科学地贮藏和保存。目前实用的方法主要有低温贮藏、热处理、辐照贮藏、真空、充气包装贮藏及干燥贮藏等。另外还有一些保鲜技术用以维持肉的新鲜度，在一定时间内保持其原有鲜肉味道。

（2）羊肉的加工。羊肉可加工成许多制品，如羊肉卷、羊肉串、香肠、羊肉脯、肉干、腊肉、冰鲜羊肉、五香酱羊肉等。而青山羊久负盛名的是单县羊肉汤。单县羊肉汤始创于17世纪清嘉庆年间，距今已200多年的历史，是利用单县当地优质青山羊烧制而成，羊肉汤色白似奶、水脂交融、质地纯净、鲜而不腻，不仅是一道可口的美食，而且有许多药膳功能，广受全国消费者的赞誉，单县羊肉汤已被列入《中华名菜谱》。

## 四、羊毛

济宁青山羊主要是羔皮用品种，但其羊毛也有多种用途。

山羊绒：指被毛中直径在 25 μm 及以下的毛纤维，是由山羊皮肤中的次级毛囊形成的无髓毛纤维，通常在秋季生长，春夏季脱落。其绒细而柔软，光泽良好，保暖性强，可用于制造各种轻、柔、美、软、薄、暖的针织品和纺织品，如山羊绒衫、羊绒大衣、围巾、手套、绒帽等。

普通山羊毛：是山羊初级毛囊生长的外层粗毛，它缺少弯曲，鳞片少，可用于制造地毯、毛毯、人造毛皮、毛笔、画笔、各类刷子等。经过整理的山羊细尾毛和山羊胡子可制作精制羊毫。

# 第二章 羊场环境与生产经营

羊场是养羊业生产的场所，养羊业生产是羊通过有性繁殖而进行的再生产，其生产水平的高低，既取决于品种的遗传因素，也取决于维持与保证羊繁殖和生长发育的生态环境条件。只有在相对适宜的生态环境条件下，才能正常生长、繁殖和生产，才能提高羊的生产性能和经济效益。因此，羊场生态环境对羊群的作用和影响是不可忽视的。在对羊场建设与环境质量卫生控制上，既要考虑因地制宜，又要从生态环境保护、防疫、安全、健康等角度出发，正确选址、合理布局、统一规划和科学建设。在饲养上，还需要有合适且良好的生产设备，诸如青贮设备、饲料设备、供水设备等，以保障安全、卫生的需要，减少饲料、水、电等的浪费，认真将养羊各环节的成本进行核算，提高生产效率与经济效益。

## 第一节 生产与生态环境

自然生态环境对养羊业生产影响较大。自然生态环境因素主要包括空气、土壤、水和生物，它们对羊的影响主要体现在光照、气温、气湿、土壤、地形、地势等诸多生态因子方面，这些生态因子独立或相互综合地影响着羊的分布、生存、生长、繁殖及其他生命活动，济宁青山羊同样受到这些因素的影响。

## 一、气温

在自然生态因素中，气温是对羊影响最大的生态因子，不同纬度、海拔、季节、时间，气温都有差异。外界气温一旦发生变化，羊可通过物理性和化学性调节，使产、散热保持平衡，以维持体温的恒定。如果仅通过皮肤的收缩、减少汗液的分泌等物理性调节就能维持羊体恒定的温度，称之为最适温度。羊的最适温度受品种、性别、年龄、体重、饲养水平、被毛状态以及外界环境等多种因素影响，很难有一个明确的范围。

据研究，当气温比羊适宜温度稍低时，对其适应环境、提高对低温适应能力具有良好的锻炼作用。但温度过低，特别是风大、空气湿度大的情况下，畜体散热增加，羊为维持正常体温会出现躯体卷缩、肌肉震颤等现象，严重时影响呼吸、血液循环等功能，甚至导致死亡，所以在寒冷的冬春季节应做好防寒保暖工作。反之，环境温度太高也不利于羊的生长发育，常常使其心跳加速、尿量减少、呼吸急促、繁殖性能下降，严重时会引起夏季不育症、"热射病"或中暑死亡。另外，环境温度对牧草和农作物的生长、发育及其产量也具有明显的影响，而饲草的产量和质量直接影响羊场的饲料供应，进而间接地影响着养羊业的发展。

济宁青山羊产于山东省西南部，产区属温带大陆性季风气候，年平均气温为13.2~14.1℃，极端最高气温为42℃，极端最低气温为-21.8℃。近10年来，产区气候变暖趋势明显，特别是冬季的气温近10年来较前30年偏高1.4℃左右，在炎热夏季已对青山羊的饲养造成了显著影响。

## 二、气湿

空气相对湿度的大小，直接影响着羊只体热的散发。一般温度条件下，空气相对湿度对羊的体热调节没有影响，但在高温时，羊主要通过皮肤、呼吸散热，其散热量受畜体蒸发面水汽压与空气水汽压的影响，空气水汽压越高，则蒸发散热量越少。所以高温高湿环境中，羊体散热更为困难，常常引起体温升高、皮肤充血、呼吸困难、中枢神经失调等现象，甚至死亡。另外，高温高湿的环境中，病原菌、寄生虫活跃，羊只易患皮肤病、寄生虫病。因此，在高温多雨的闷热天气，更应做好羊群的防暑防病工作。低温高湿的环境也不利于羊只的生长和生产，低温高湿会使羊只患各种呼吸道疾病（如感冒）、神经痛、风湿痛、关节炎、肌肉炎等。例如，在生产实践中，当羊只突遇暴雨淋渍或失足落到冰水中，以及冬季为治疗体外寄生虫施行药浴受寒常引起感冒性疾患。一般而言，低湿环境对羊健康较为有利，也适合于羊的生物学特性，但若遇高温时，空气过于干燥，会使羊体散失水分过多，渴欲增加，饮水量提高，并且使外露黏膜易于干裂，降低对微生物的防御能力，从而引发各种疾病。

济宁青山羊适应性比较强，产区年平均相对湿度为68%，年降水量为 650～820 mm，多集中在 6—8 月，最大积雪深度为 13～19 cm，无霜期为 200～206 d。

## 三、光照

光照对羊的生长繁殖影响较大。在自然条件下，一般公羊的精液品质在秋季日照缩短时最高，如果人为增加光照量可使其性活动、精液品质发生改变。母羊的性活动也显著受日照长短影响，其配种在白昼逐渐缩短时开始，在秋季较为集中，春季也可发情配种。据研究，光照对羔羊生长也有影响，在特定温度下，光照时间长，日增重高，光照时间短，日增重低。

青山羊产区年平均日照时数 2 388.7 h，年平均日照百分率54%。一年中春、夏、秋季光照较多，冬季较少，5 月光照最多2 月光照最少。

## 四、风

风是空气的水平流动所产生的，一般情况下，它对羊的生长发育和繁殖没有直接影响，但可加速羊体水分蒸发，影响着羊体热能和水的代谢。风速过大，不利于羊群的放牧。在夏季，一定的风速有利于蒸发散热，对羊的健康具有良好作用。而在冬季，风速增大显著提高散热量，对机体不良，不利于生产性能的发挥。

青山羊产区一般没有极度大风天气，风向一般由南向北为主。春季南北风频繁交替，夏季常刮东南风，秋季风向由南转北，冬季多刮北风，气候干冷。

## 五、海拔

海拔高度对畜体的影响是垂直带引起的特征性变化，不同海拔高度上的气温、气压、气湿、供氧等条件不同，其对羊的生态作用首先是影响羊的品种分布。其次，在低海拔地区饲养的羊，当向高海拔地区引种时，易引起"高山反应"，在冬季尤甚，所以在不同海拔地区引种时要做好引种试验。

青山羊产区属温带大陆性季风气候，地形除梁山、巨野、嘉祥有零星山丘外，均为黄河冲积平原及湖洼地。地势西高东低，略有起伏，海拔为 50 m 左右，适宜济宁青山羊的生长繁殖。

## 六、土壤及地形

土壤中含有大量微量元素，如果某地土壤中缺乏某种微量元素，就会造成该元素缺乏症。例如，土壤中硒缺乏或含量较低时，会引发绵羊的"白肌病"，铜缺乏会引起羔羊的"摇摆症"。如果土壤中某种元素含量过高会造成该元素中毒症，例如，地方性的绵羊、山羊的"氟中毒""硒中毒"等病症。不同羊种对地形适应性不同。例如，山羊善于攀登高山峭壁，喜食幼枝嫩叶，对山地适应较强。不同土壤、地形生长的饲草资源也不同，同样对羊的品种、生产性能具有影响。一般土地肥沃、水草丰盛的地区，羊的生产性能会更充分地发挥，而砂石盐碱地区的土壤环境却会直接影响着羊毛的品质。

鲁西南土壤地形适于济宁青山羊的生产，但也应注意对微量元素如硒及部分维生素的补充。同时由于近年化工与制药行业的发展及农药的大量使用，应加强土壤与饲料的残留检测，以防羊只中毒和有毒化学物质残留。

## 七、季节

季节实际上是各种自然气候因子在一定时间、区域或特定环境条件下综合形成的外界环境因素。它对羊的生态作用实际上是各种环境因素的综合作用。季节不同，气温降水就不同，因而牧草和饲料作物的生长、产量和品质也不同，就会直接影响到羊只的营养来源。一般在较高纬度地区，羊的食物在夏秋季节比较丰富，但在冬季天然牧草枯萎，又缺乏补饲条件时，食物较少会使羊只的生产力下降，甚至对其健康和生存产生影响。季节不仅通过饲料影响着绵羊、山羊的健康与生长，而且影响着其重要的经济性状，譬如羊毛的长度、细度、强度、营养素的含量等。

济宁青山羊产区属于农区，农业发达，农副产品丰富，林草茂密，但显著存在所谓的"夏饱、秋肥、冬瘦、春亡"的现象。因此，研究饲养区域季节这一生态因子的变化规律并与养羊业结合起来，合理组织一年中养羊业的各个环节，充分发挥"季节"优势，对促进养羊业生产具有重要意义。

## 第二节　羊场建设与养羊设备

羊场是养羊生产的主要基础建筑设施，根据羊的生物学特性和生产特点，科学地选择圈舍和养羊设施，是提高养羊生产劳动效率的途径，也是充分发挥羊只生产性能的重要保证。

济宁青山羊虽然有较强的适应性和抗病力，但在气候骤变、恶劣的环境下也会发生多种疾病，影响其生产性能，同样需要建设科学合理的建筑设施，才能保证健康饲养，提高经济效益。

# 一、羊场建设

## （一）场址选择

在新建羊场时，对场地的选择应从以下几个方面考虑。

（1）地形地势。选择地势高燥、地下水位低（2 m以下），排水良好和背风向阳的地方，切忌在低洼涝地、山洪水道、冬季风口等地方建场。羊场地形应开阔整齐，有利于场地规划和建筑布局，场地面积应充足，兼顾以后发展需要，因地制宜，合理规划。一般每只羊按 $15 \sim 20 \ m^2$ 规划，羊舍建筑按其占羊场的 $10\% \sim 20\%$ 规划。

（2）羊舍方位。羊舍一般坐北朝南或偏东南 $15°$，羊舍应建在住宅的东南或西南角，如需在原圈拆旧盖新，应把圈地翻新，用3%的氢氧化钠喷洒消毒，在阳光下暴晒后，再建新圈，以免寄生虫和病原菌污染。严禁在传染病疫区建场。

（3）水源水质。要求水量充足、水质良好，便于取用和进行卫生防护，以泉水、溪水、井水和自来水比较理想。水量要求能保证场内职工用水、羊饮水和消毒用水，羊饮水量每日每只按 $3 \sim 4L$ 计算。水质要求要符合下列标准，a. 感官性状：色度不超过15°，不呈现其他异色；浑浊度不超过5°，无异臭或异味；不含肉眼可见物。b. 化学指标：pH值 $3.5 \sim 8.5$，总硬度不超过 50 mg/L；阳离子合成洗涤剂不超过 0.3 mg/L。c. 毒理指标：氰化物不超过 0.05 mg/L；汞不超过 0.001 mg/L；铅不超过 0.1 mg/L。d. 细菌学指标：细菌总数不超过每升100个，大肠杆菌不超过每升3个。

（4）土壤条件。要求土质透气性好、渗水性强，未被病原体污染，以沙壤土为最好。

（5）社会条件。考虑到羊场防疫和居民区的环境卫生，羊场应建在离村庄较远的下风向及饮水水源的下方。羊场周围应具有一定的饲草饲料基地及放牧草地。为方便饲料和产品运输，应选择交通、通信、电力供应便利之处，但不宜紧靠公路、铁路、交通要道、屠宰厂和兽医院，至少与其距离保持 0.5~1 km 或 1 km 以上，以免影响羊场的防疫保健。另外，若引入国外或省外优良品种修建羊场，应从生态学角度考虑，尽量使羊场接近或符合品种原产地的自然生态条件。

### （二）羊场布局

场址选定后，应根据羊场的近期和长远规划、场内地形、地势、水源、主导风向等自然条件，合理安排场内全部建筑物，做到布局紧凑、联系方便、用地经济、便于防疫和安全生产。一般布局可分为 3 个功能区。

（1）生产区。包括羊舍、饲料饲草贮存、加工及调制建筑物等，是羊场的主要区域。根据各类羊群的生物学特性和利用特点，一般公羊舍应安排在羊场上风区，之后依次为哺乳母羊舍、妊娠母羊舍、后备羊舍、育肥羊舍。育肥羊舍应靠近场门，并在靠围墙处建装羊台，以便出场运输。

（2）管理区。包括与经营管理有关的建筑物、羊的产品加工、贮存和农副产品加工建筑物以及职工生活建筑物与设施等。应建在年主导风向的上风向、地势较高处。为保证良好的卫生条件，最好建在生产区的外面。

（3）病羊管理区。包括兽医诊疗室、病死羊隔离舍、粪污处理区等。该区与人畜保健和环境卫生密切相关，为符合防疫与卫生的要求，应安排在羊场的下风向与地势低处，并且病死羊隔离舍应与生产区保持一定距离。

羊场大门口应设消毒池，其宽度与大门等距，长度稍大于汽车轮胎周长。管理区与生产区内交通设专用门，形成通道消毒间。

**（三）羊舍建筑**

（1）羊舍设计基本参数。羊舍面积大小因羊的数量、品种、饲养管理方式而定，面积过大，浪费土地与建筑材料；面积过小，不利于羊的健康与生产。不同类型羊只所需羊舍面积：产羔母羊 1.5~2.0 m²（产冬羔）或 1.1~1.6 m²（产春羔）；种公羊 4.0~6.0 m²（单饲）或 2.0~2.5 m²（群饲）；育成羊 0.7~1.0 m²；羔羊 0.2~0.3 m²（断奶羔羊）或 0.6~0.8 m²（去势羔羊）。成年羊运动场面积按每只 4 m² 计算，总面积一般为羊舍面积的 2.0~2.5 倍；产羔舍按基础母羊舍的 20%~25% 设计。

（2）羊舍温度。冬季产羔舍温度应保持在 8℃ 以上，有条件的可采用取暖设备升温，使之达到 8~10℃；其他羊舍在 0℃ 以上。夏季舍温宜在 30℃ 以下。

（3）羊舍湿度。羊不耐潮湿，地面应保持干燥，空气相对湿度以 50%~70% 为宜。

（4）通风。通风可以降温，排除舍内污浊气体，保持舍内空气新鲜。羊舍通风换气参数为：每只羊冬季 0.6~0.7 m³/min，夏季 1.1~1.4 m³/min；每只肥育羔羊冬季 0.3 m³/min，夏季 0.6 m³/min。如果采用管道通风，舍内排气管横断面积为 0.005~0.006 m²。

（5）采光。羊舍要求光照充足，其采光系数成年羊舍 1：（15~25）、高产羊舍 1：（10~12）；羔羊舍 1：（15~20）；产羔舍可小些。

（6）长度、跨度、高度。长度和跨度根据所需羊舍面积和建筑要求确定，一般跨度 6~9 m。羊舍净高（地面至天棚的高度）2~2.5 m。在寒冷地区，可以适当降低净高。单坡式羊舍，一般前高 2.2~2.5 m，后高 1.7~2 m，屋顶斜面 45°角。

**（四）羊舍类型**

不同类型羊舍提供的小气候环境不同。根据不同结构划分标准，羊舍可分为若干类型。

（1）封闭的严密程度。根据羊舍四周墙壁封闭的严密程度，羊舍可分为封闭舍、开放与半开放舍和棚舍3种类型。封闭舍四周墙壁完整，保温性能好，适合寒冷地区采用；开放与半开放舍，三面有墙，开放舍一面无墙，半开放舍一面有半截长墙，保温性能较差，通风采光好，适合于温暖地区采用；棚舍，只有屋顶而没有墙壁，防太阳辐射强，适合于炎热地区采用。

（2）根据羊舍屋顶的形式。羊舍可分为单坡式、双坡式、拱式、钟楼式、双折式等类型。单坡式羊舍，跨度小，自然采光好，适合于小规模养羊场选用；双坡式羊舍，跨度大，保暖能力强，但自然采光及通风差，适合于寒冷地区采用，也是最常用的一种类型。在寒冷地区，也可选用拱式、双折式、平屋顶等类型；在炎热地区也可选用钟楼式羊舍。

（3）根据羊舍长墙与端墙排列形式。羊舍排列形式可分为"一"字形、"厂"字形、"门"字形等。其中，"一"字形羊舍采光好、均匀，温差不大，经济适用，是较常用的一种类型。

此外，根据我国南方气候炎热、潮湿的特点，可修建吊楼式羊舍，在山区利用山坡修建地下式羊舍和土窑洞羊舍等。各地应根据当地的气候特点、建筑材料、经济条件，分别选用墙、屋顶、排列形式等进行组合设计，以满足羊的生产要求。

### （五）羊舍的基本结构

（1）地面。俗称畜床，是羊躺卧休息、排泄和生产的地方。地面的保暖和卫生状况很重要。地面有两种类型，即夯实地面和漏缝地面。a. 夯实地面以建筑材料不同又分为三合土地面、石地面、砖地面、水泥地面、木质地面。三合土地面造价低，但易潮湿不便消毒，干燥地区可用。石地面、水泥地面坚硬不保温，但便于清扫消毒；砖地面、木质地面保暖，也便于清扫消毒，但成本高，适于寒冷地区。b. 漏缝地面常用软木条或镀锌钢丝网等材料做成，木条宽 32 mm，厚 36mm，缝隙宽 15 mm，镀锌的钢丝网网眼面积要略小于羊蹄面积。该地面能给羊只提供干燥卧地，尤其适合于 10 周龄的羔羊和成年羊使用。

（2）墙。墙具有承载屋顶、隔热保暖的作用。我国多采用土墙、砖墙和石墙。土墙造价低，保温好，但易受潮不易消毒，小规模羊舍可用；石墙坚固耐用，但导热性大，不太适合于寒冷地区；砖墙坚固性、保温性较好，是最常用的一种，按其厚度可分为半砖墙、一砖墙、一砖半墙等，按其形式可分为实心墙和空心墙，其中空心墙既节省建筑材料，保暖效果又好，值得推广使用。

（3）门窗。羊舍的门窗应以羊舍的类型和面积大小灵活设计，应利于出入、通风、采光和防寒保暖。一般门宽 1.5~2.0 m，高 1.0~2.0 m；窗宽 1.0~1.2 m，高 0.7~0.9 m，窗台距地面高 1.3~1.5 m。

（4）屋顶。屋顶应具防风雨、保温、隔热的作用。其材料有石棉瓦、油毡、陶瓦和塑料薄膜等。在寒冷地区可加天棚，上贮冬草以加强保温性能。屋顶距地面距离一般为 2.0~2.4 m，若修建单坡式羊舍，应前高后低，但后墙高不应低于 1.8 m。

（六）常见羊舍类型举例

（1）棚舍结合单坡式羊舍。此种羊舍由半开放舍和棚舍两部分组成，布局成曲尺形。冬季天冷时，羊在半开放舍内，天暖时，可在棚舍内自由活动。夏季炎热时，羊可在通风良好的棚舍活动。这类羊舍适合于夏季炎热、冬天不太冷地区使用。

（2）封闭双坡式羊舍。此种羊舍四周墙壁封闭严密，屋顶为双坡，跨度大，排列成"一"字形，保温性能好。适合于寒冷地区，也可作为冬季产羔舍（图 1-1）。

（3）吊楼式羊舍。羊舍楼台距地面 1.0~2.0 m²，楼台用木条铺设形成漏缝地板，缝隙 1.0~1.5 cm，吊楼上为羊舍，下为接粪

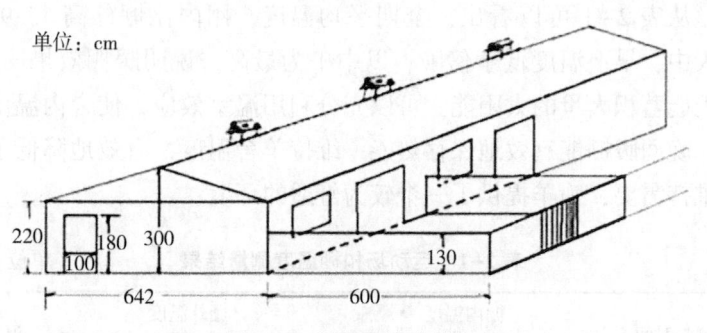

**图1-1　封闭双坡式羊舍**

注：舍内走廊宽130 cm左右；运动墙高：160 cm；每个羊圈面积：
(480×450) cm²；对应每圈设一面积为 (80×80) cm² 后窗；对应每圈在
脊上设一可开关风帽；羊的占地面积：种公羊 1.5～2.0 m²/头；空怀母
羊 0.8～1.0 m²/头；妊娠或哺乳母羊 2.0～2.3 m²/头；幼龄羊 0.5～0.6
m²/头。

斜坡，羊粪尿漏下顺接粪斜坡进入粪尿池中。后墙与端墙用片石砌
成，前墙为立柱栅栏，也可敞开南北墙上半部。这类羊舍具有防
潮、通风的特点，尤其适合于南方炎热多雨的地区采用。

（4）塑料棚舍。这种棚舍可用现有简易敞圈或原羊舍外的运动
场搭建，投资少，易建造，方向一般坐北朝南，骨架用木杆、竹
片、钢材、铅丝、铁丝等材料做成，上覆单层或双层白色塑料薄
膜，形成暖棚。顶棚有单坡式和双坡式两种，角度为 35°～45°，四
周围墙高度以不被羊破坏顶棚、有利于人员操作管理为宜，东西两
墙设门和进气孔，棚顶每隔 8～10 m 设一排气窗（2.0 m×0.3 m）。
此种棚舍保暖好，采光好，经济适用。尤适合于寒冷地区或冬季采
用，现已在我国北方地区推广使用。

蒋培红等（2003）研究表明，在农区，尤其在北方地区，为提
高羊舍温度，于羊舍外运动场上可扣暖棚，可有效提高羊舍内温
度，提高羔羊日增重，有利于寒冷地区或冬季保暖，特别对羔羊的
生长与成活有利。

从表2-1可以看出，全期平均温度，棚内比棚外高15.9℃，一天中，早上温度低于傍晚，以中午为最高。说明暖棚效果明显，白天能蓄积大量的太阳能，可以充分利用温室效应，使舍内温度提高，晚间暖棚能有效地保存热能，维持羊舍温度，有效地降低了羊的维持需要，为羊提供了一个较为舒适的环境。

表2-1　运动场扣棚温度测量结果　　　　　（单位：℃）

| 测量时间 | 棚内温度 | | | 棚外温度 | | | 温差 |
|---|---|---|---|---|---|---|---|
| | 极端最低 | 平均 | 极端最高 | 极端最低 | 平均 | 极端最高 | |
| 8:00 | 5.5 | 8.2 | 11.0 | -12 | -3.1 | 0 | 11.3 |
| 12:00 | 10.0 | 22.6 | 30.0 | -6.0 | 4.3 | 8.0 | 18.3 |
| 20:00 | 8.0 | 10.1 | 15.0 | -10.0 | -1.6 | 2.6 | 11.7 |
| 全期 | | 16.8 | | | -0.9 | | 15.9 |

从表2-2可以看出，试验组羊只的平均日增重显著高于对照组（P<0.05），比对照组提高166.23%。

表2-2　肥羔暖棚育肥试验

| 组别 | 对照组 | 试验组 |
|---|---|---|
| 平均始重（kg） | 18.82±2.63 | 18.63±2.06 |
| 平均末重（kg） | 26.70±2.79 | 39.61±3.58 |
| 平均日增重（g） | 87.56±8.25 | 233.11±26.19 |
| 增重差（g） | | 145.55±12.23 |

从表2-3可以看出，采用暖棚的试验组肥羔的死亡率为0，而非暖棚对照组为2.5%，虽然在本试验中相差不是很明显，但冬春寒冷季节广大农区肥羔存栏总量较大，肥羔死亡总数不可忽视，由

此可能造成较大的经济损失。

表2-3　纯种小尾寒羊肥羔死亡情况统计

| 组别 | 对照组 | 试验组 |
|------|--------|--------|
| 入棚羊数 | 40 | 40 |
| 出棚羊数 | 39 | 40 |
| 死亡数 | 1 | 0 |
| 死亡率（%） | 2.5 | 0 |

运动场扣棚方法：前墙与圈舍之间搭以竹竿，或弓形或斜坡形。朝阳面的屋面角（农膜与水平地面的夹角）大小为30°≤H≤67°。农膜上面以尼龙绳绷紧，四周用泥土压实。在羊舍的北面留一通风口，并挂草帘，用以调节进风量；在南面留一个1~2 m宽的门，并挂门帘，用以调节出风量。

运动场暖棚管理：夜间圈门挂门帘，冷天白天也要挂上，及时清除棚盖上的积雪，每日上午、下午各通风1次，晴天通风1 h，寒冷天气20~30 min，当棚内温度高于30℃时，可以适当延长通风时间，控制棚内温度不超过30℃。

综合研究结果看，暖棚肥羔育肥模式可以充分利用太阳能，有效地降低羊的维持需要，明显地增加了育肥效果，降低了肥羔的死亡率。同时采用暖棚培育肥羔投资小、产出大、效益高、技术简便易行，便于在广大的鲁西南地区大力推广。暖棚育肥羔羊的关键，一是保温，二是防疫，三是通风换气。围绕这3个技术关键应具体做到以下几点：

（1）建舍时间。扣棚时间必须在冻土前进行，为了防止舍内温度过高，可视气温情况调节开窗的大小与时间的长短，以免冻土后不易扣棚。另外，暖棚春季不宜过早拆除，以防早春的寒流和大雪，对于菏泽农区而言最佳时间应在4月中下旬。

（2）羊舍适宜的朝向。暖棚应建在背风、向阳、干燥的地方，在我国北方地区羊舍最好朝向正南。

（3）加强羊舍的日常管理。及时清除棚外积雪和棚内附霜，以免影响阳光射入。通风换气每日应保证两次，每次 20~30 min，天气晴好可延长到 1~2 h；随时清除舍内粪便，勤换垫草，以降低舍内湿度及有害气体浓度，做到保温防潮。合理安排饲养密度，以每只羊占地 1.5~2 m² 为宜，过大不利于保温，过小不利于保持舍内环境。

（4）有条件的农户可扣双层棚。即安装双层支架，先将第一层膜夹在双层支架之间，然后在第二层支架上再扣一层农膜，再在上面用绳绷紧，四周用泥土压实，中间形成一真空层，虽然对光照有一定的影响，但对夜间保温更为有利，同时减少附霜，可有效降低舍内湿度，起到防潮目的，有利于羊的生长。

## 二、羊场主要设备

### （一）青贮设施

青贮料是羊只喜欢采食的优质饲料，它可以补充冬季青饲料的不足。青贮料的制作需要青贮设施，常见的青贮设施有青贮塔、青贮窖、青贮壕和青贮袋 4 种。其形式、大小可以根据羊数量、饲养方式而定。其核算的基础参数为：40 kg 成年羊每日可饲喂青贮玉米秸秆 3.0 kg 左右；1 m³ 青贮窖或青贮塔能贮玉米秸秆 450~750 kg，则依据饲养数和补饲量确定窖或塔容积的大小。青贮塔、青贮壕，建造成本高，青贮效果好，常用于大型羊场。农户小型养殖场可采用青贮窖或青贮袋（塑料薄膜袋）青贮，其成本低，使用灵活方便。

### （二）药浴设施

定期给羊药浴，以防体外寄生虫的为害，是羊场不可缺少的生产技术措施。药浴池一般为长方形，池深 1.0~1.2 m，长 8.0~15.0 m，上口宽 0.5~0.8 m，底宽 0.4~0.6 m，以羊通过而不能转身为宜。池入口处为陡坡，以利羊只顺利入池；出口处为台阶式缓坡，以利于浴后羊只攀登上来。入口端设储羊圈，出口端设滴流台。小型羊场或农户则可用小型药浴槽、浴桶或浴缸等进行药浴，也有些羊场采用药淋浴的。不论采用哪种方式，都应做到因地制宜、经济适用。

## （三）供水设施

配置合理的供水设施，保证羊场有充足清洁的人畜用水十分必要。羊场应修建相应的供水设施，如水井、水塔或蓄水池，并安装管道等予以保证。无自来水的羊场需修建水井，水井应离羊舍100 m 以上，并设在羊场污染源上风向，井口应高出地平面并加盖，井口周围要修建井台与围栏。

## （四）饲喂设施

羊场主要饲喂设施有饲槽和草架。饲槽通常有移动式、固定式和悬挂式3种：

（1）移动式饲槽可用木板或铁皮制作，其大小可根据羊只大小、数量灵活掌握。一般做成一端低一端高的长条形，饲槽两端最好安置临时性且装卸方便的固定架，该饲槽主要用于冬春季补饲时之需。

（2）固定式饲槽是设在羊舍、运动场或专门补饲场内，用砖石、水泥砌成的固定饲槽，一般上宽50 cm，深20~25 cm，槽底距地高40~50 cm，槽底为圆弧形。饲槽长度因羊的数量而定。

（3）悬挂式饲槽是将长条形小饲槽悬挂于补饲栏上，为断奶羔羊补饲用，可防止羔羊攀踏饲草、抢食翻槽。草架是用竹片、木条或钢筋、三角铁等材料做成的，常固定于墙上，方便补饲干草，并减少羊只的践踏与污染。

## （五）栅栏

为了便于羊的分群、补饲和分娩以及舍外临时搭架羊圈，需在羊场内配置多用途栅栏、栅板或网栏。其材料常选用木条、木板、圆竹、钢筋或铁丝网，大小一般高约 1.0 m，长 1.2~3.0 m 不等，而且栏两侧或四角装有可连接的挂钩、插销或铰链，部分网栏带拖地板可固定于地面。根据其用途可分为分群栏、羔羊补饲栏、母子栏、临时羊圈栏。

### （六）磅秤与羊笼

为了了解饲养管理的情况，掌握羊生长发育动态，需要定期进行称量体重，羊场应设置地磅。为操作方便，磅秤上可安装木质或铁制羊笼。羊笼一般长为 1.4 m，宽 0.6 m，高 1.0~1.2 m，呈长方形，两端设活门，供羊出入，最好与分群栏结合，用时放置在分群栏通道处，使用方便。

### （七）机械设备

大中型羊场为提高生产效率，便于机械化作业，往往需要较多的机械设备，如动力机械、饲草饲料种植和管理机械、饲料收获机械、畜产品采集和加工机械、运输机械、保养维修设备等。其中，铡草机、饲料粉碎机、饲料混合搅拌机、剪毛机等，常常是大中型羊场必备的工具。各羊场应根据本场的规模、人力、经济等实际情况，灵活选择使用。

# 第三节　羊场的生产经营

## 一、养羊业生产的优势

（1）投资规模具有灵活性。养羊生产投资规模可大可小，少则几千元，多则几万、几十万元均可实施，可视投资者的资金状况来确定生产的规模。一般来说，经营规模大，经济实力强，利于采用先进技术设备，实行专业化生产，也利于取得规模效益。

（2）养羊生产畜产品丰富，且具有广阔市场前景。养羊生产可获得毛、绒、肉、乳、皮等多种畜产品。这些产品价格较高，有的需要进一步加工和开发，市场前景较好。例如，我国年人均羊肉供应仅 2.0 kg，远满足不了市场需求，随着人们食品结构的变化，需求仍在增加，价格也一直较高。

（3）经营风险小。养羊生产饲料成本较低，饲养技术比较成熟，尤其羊病较其他畜禽少，烈性传染病发病率较低。只要防疫得当，生产经营风险性小。

（4）发展草食家畜，利用草地资源和农作物秸秆资源从事牛羊生产，符合我国国情，也符合国家产业政策，在税收、信贷等方面享受诸多优惠。另外，从事养羊业是我国农民脱贫致富的有效途径之一，也是许多地区扶贫的重点项目。

# 二、羊的生产方式

## （一）国内羊的生产方式

我国养羊的方式主要有 3 种。北方牧区和南方草山草坡地区，以常年放牧为主，冬春季节适当补饲。有一定放牧草场的农区或半农半牧区，以半放牧及半舍饲方式养羊。以种植业为主的农业区，则以大量农副产品作为饲料来源，采用舍饲方式养羊。

另外，不同生产方向的羊，其饲养方式也不同。奶用羊、肉用羊多采用舍饲或半放牧半舍饲，而毛用羊、绒山羊则多以放牧为主。

## （二）国外羊的生产方式

为提高养羊业生产的经济效益，澳大利亚、新西兰、英国、美国、法国和加拿大等针对本国的特点和饲养经验，形成了独特的生产组织形式和经营方式，比较突出的生产方式有以下模式。

（1）英国模式。英国有山地、平原、低地 3 种生态区域，其草地面积占其国土面积的一半以上，且多分布于山地丘陵区；国内绵羊品种有 70 多个，杂交类型 300 多个。英国能够利用生态区域在草地资源、羊种资源及社会经济条件等方面的互补性，协调组织养羊生产。例如，苏格兰、威尔士和北英格兰等地山区，气候条件差，耕地面积有限，羊群终年放牧；丘陵地区的气候和土壤条件也较差，牧草是当地的主要农作物，羊群也以放牧为主；而低地平原地区气候和土壤条件好，种植业发达，羊群主要靠舍饲。因此，英国养羊业以利用草地放牧，生产肥羔为其特征，形成了低地生产体系、平原生产体系和山地生产体系。

（2）澳大利亚模式。澳大利亚共有绵羊品种 21 个，澳洲美利奴是举世闻名的细毛羊品种。该国以细毛羊养殖生产羊毛为主，但对羊肉生产也很重视，其肉羊生产模式为：美利奴母羊与边区莱斯特公羊杂交，杂交一代公羊育肥，杂交一代母羊与无角道塞特公羊杂交，生产三元杂交肥羔。澳大利亚的羊场共有 6 种类型，即种羊场、经济羊场（生产羊毛）、饲养美利奴的肥育场、生产杂种羊和肥育用杂种羔羊的羊场、生产肥羔的专业化羊场、放牧肥育的专业化羊场。

（3）新西兰模式。新西兰非常重视人工草地建设，合理利用草地资源，提高了草地的载畜量。该国养羊业以肉羊生产为主，兼顾半细毛羊和细毛羊生产。实行三级良种繁育体系，注意父系、母系品种的选择，充分利用杂交优势生产肥羔。父系品种选择以萨福克羊、汉普夏羊等为主，母系品种以罗姆尼羊、派仑代羊、考力代羊等为主。实践中，羊场约有 4 种类型：种羊场、专门出售母羊的繁殖场、专门养肥羔的羊场、美利奴繁殖场。

### （三）青山羊生产方式

由于青山羊自身生活习性及产地环境特点，适应了较为粗放的饲养方式，多以半舍饲半放牧方式为主。在农区冬季舍饲为主，但应有较好的运动场。

## 三、养羊生产的成本核算与经济效益分析

养羊生产经营内容涉及产供销等各方面，经营效果的好坏，关

系着养羊业的生存和发展。经营成果反映在投入与产出比例上，要分析经营成果好坏，必须进行成本核算与经济效益分析。

1. 成本核算

成本核算必须有详细的收入与支出纪录，主要内容有：

（1）支出部分。购买羊只及草料费用，劳动力投入、工资与奖金数额，购买养羊工具设备费用，水、电、燃料费用，防疫医疗费用，圈舍修建与维修费用，产品运输销售费用，上缴税金与管理费用等。

（2）收入部分。包括毛、肉、奶、皮等产品的销售收入，出售种羊、肉羊收入，产品加工增值收入，羊粪尿及加工副产品的收入等。在做好以上记录的基础上，可按下列公式计算成本：

养羊生产总成本=工资奖金支出+草料消耗支出+固定资产折旧费+羊群防疫医疗费+上缴税金等。

大中型养羊场为分析某项产品经营成果的好坏，还可计算单项成本：

①每千克羊奶生产成本=（全群奶山羊生产成本-副产品收入）÷全年总产奶量

②每千克羊毛生产成本=（全群绵羊生产成本-副产品收入）÷全年总产毛量

③每只肉羊生产成本=（肉羊群生产总成本-副产品收入）÷全年出栏肉羊总数

④每只育成公羊生产成本=（断奶羔羊生产成本+育成期生产成本-副产品收入）÷全年育成公羊总数

上述副产品收入是指主产品以外的其他养羊收入，如淘汰死亡羊只收入、粪尿收入等。

2. 经济效益分析

养羊生产的经济效益，用投入产出进行比较，分析指标主要有：

（1）总产值。指各项养羊生产总收入，包括销售产品收入（毛、肉、奶、皮）、自食自用产品收入、出售肉羊种羊收入、淘汰死亡羊只收入、羊群存栏折价收入等。

（2）净产值。总产值减去养羊人工费用、草料消耗费用、医疗费等。

（3）盈利额。养羊生产中创造的剩余价值，是总产值扣除生产成本后的剩余部分。公式为：

盈利额=总产值-养羊生产总成本

（4）利润额。盈利额并不是养羊所得的全部利润，还必须尽一定的义务，向国家交纳一定比例税金或向地方缴纳生产管理和公益事业建设费用等，余下的才是净利润。公式为：

养羊生产利润=养羊生产盈利-税金-其他费用

# 第三章 济宁青山羊饲养管理

保障羊的健康高效养殖，需要按照饲养规程进行饲养。在掌握羊的营养需求的情况下，按饲养标准合理搭配饲料，保证饲料的均衡供应，满足不同性别、不同年龄和生理阶段的营养需要。通过科学的饲养管理与饲养模式等技术手段，改粗放式生产管理为精细化生产管理，提高羊的健康水平，充分发挥济宁青山羊独有的优势特性，可以有效预防疾病的发生，获取最大的生产性能，获得最高的生产效益。

## 第一节 营养与饲料

### 一、羊的营养需求

羊所需要的营养物质，如能量、蛋白质、矿物质、维生素和水等，都依赖于人类的供给。能量是羊体内组织器官正常活动、羊的日常活动和维持体温所必需的，蛋白质是羊体生长和组织修复的主要原料。矿物质、维生素和水，在调节生理机能上起重要作用，能保障营养物质和代谢产物的传输作用，矿物质还是骨骼和牙齿的主要成分。只有合理供给羊的营养物质，才能保证羊群的正常生活和生产出量多质优的畜产品，才能更加经济地利用饲草饲料。羊的营养物质的供给，不仅要求营养物质类别齐备，而且在数量上也必须达到一定的标准。

羊因种类、生理机能、生产用途、年龄体重和性别等的不同，对各种营养物质的需求量是不相同的。例如，妊娠母羊与空怀母羊，除对蛋白质和能量的要求较高外，对维生素、矿物质的需求量也明显增大。再如，不同生产性能的羊，按生产裘皮、羔皮、羊毛和羊肉的顺序，其营养物质的需求量逐步增加。

在营养条件未得到改善或营养不足的情况下，要想通过改良遗传品质来提高生产性能是不可能的。营养不足还会引起羊的各种疾病。

羊的营养需要包括维持需要和生产需要。羊的维持需要，是指羊维持其基本生命活动所需要的营养物质，表现在维持正常消化、呼吸、循环和体温等活动。羊摄食营养物质首先满足维持需要，剩余部分才用于生产需要。如维持需要得不到满足，就会动用体内的原有养分来补足亏损，从而导致体重减轻、体质减弱和各种不良后果。羊的生产需要包括生长、繁殖、泌乳和产毛等营养需要。生产需要才对人类真正有用，所以生产需要占总营养需要的比例越高，饲料的转化率越高，饲养效果越好。科学的日粮配合和良好的饲养管理措施可以降低维持需要，提高饲料利用率和养羊的经济效益。

**（一）维持的营养需要**

（1）蛋白质。蛋白质具有重要营养作用，是一切生命现象的物质基础，是动物建造组织和体细胞的基本原料。同时，蛋白质还是体组织再生、修复和更新的必需物质，另外蛋白质还是肉、奶、毛、皮等畜产品的原料。试验证明，羊体蛋白质总量中每天有 $0.25\% \sim 0.30\%$ 进行更新。如供给的蛋白质不足以补偿羊体组织蛋白，会影响瘤胃的生理功能，使羊体消瘦、衰弱，生长发育迟缓，繁殖率、产奶量、产毛量都要下降。严重缺乏时，会导致羊体消化系统紊乱、贫血、水肿以至抗病力下降，不能繁殖后代，甚至死亡。但蛋白质供给过量，多余蛋白质则变成低效的能量，造成浪费，很不经济，过量的非蛋白氮和高水平的可溶性蛋白可造成氮中毒。因此，应根据需要饲喂适量必需的蛋白质饲料。

蛋白质需要实际是对氨基酸的需要。按羊对氨基酸的需要分为非必需氨基酸和必需氨基酸。非必需氨基酸是指体内可以由其他物质合成，或需要量很少，不必特殊补给，也能保证羊正常生长的一类氨基酸，但并不是说羊不需要此类氨基酸。必需氨基酸是指在体内不能合成或合成的数量不能满足机体需要，而必须由饲料中供给的氨基酸。羊属反刍家畜，体内瘤胃微生物可以合成各种氨基酸满足机体需要，对摄食蛋白质的数量和质量不如鸡、猪等单胃动物要求严格，但合理的氨基酸供应，对改善羊的饲料利用率和提高生产性能是很重要的。一般情况下，羊对必需氨基酸需要量的40%可由瘤胃微生物合成，其余60%来自饲料。在维持饲养条件下，蛋白质的需要主要是满足组织新陈代谢和维持正常生理机能的需要。

（2）能量。羊为维持生命活动、生长、繁殖、生产以及开展各项机能运动，都需要消耗能量。羊体所需的能量，主要来源于饲料中的碳水化合物、脂肪和蛋白质三大有机物质。饲料能量水平是影响生产力的重要因素之一。能量不足会导致生长发育缓慢、繁殖率下降、泌乳期缩短、泌乳力下降，所产毛的品质下降，对疾病的抵抗力下降，死亡率增加。因此，合理的能量水平，对保证羊体健康，提高生产力和降低饲料消耗具有重要作用。

羊的能量大多来源于饲料的碳水化合物。碳水化合物是组成羊日粮的主体，是一类结构复杂的有机物。在饲料界，将其分为粗纤维（不溶性碳水化合物）和无氮浸出物（可溶性碳水化合物）两大类。粗纤维是羊的主要能量来源。依靠瘤胃微生物的发酵作用，将碳水化合物分解产生挥发性脂肪酸（主要为乙酸、丙酸和丁酸）和二氧化碳、甲烷等，挥发性脂肪酸被胃壁吸收，成为羊体能量的主要来源。

（3）矿物质。动、植物体焚烧后剩下的灰分，便是活体的矿物质含量，它只占体重很小的比例，但却是生命活动的必需物质，是羊体内细胞的重要组成成分，几乎参与所有生理过程，调节机体的生理功能，参与体内营养物质的代谢，维护细胞膜渗透性及神经肌肉的兴奋性。矿物质是羊体生长发育、繁殖、产肉、产奶、新陈代谢所必需的营养物质，同时也是羊肉和羊奶的重要成分。

矿物质在体内按照含量的不同，可分为常量元素（在体内含量大于或等于 0.01%）和微量元素（在体内含量小于 0.01%）。常量元素有钙、磷、钠、钾、氯、镁、硫等，微量元素有铁、铜、锌、硒、碘、钴、钼、锰等，缺一不可。

体内缺乏矿物质，会引起神经系统、肌肉运动、食物消化、营养物质的输送、血液凝固和体内酸碱平衡等功能的紊乱，影响羊体健康生长发育，繁殖和畜产品产量和质量，乃至死亡。羊一般最易缺乏的矿物质是钙、磷和食盐。

羊矿物质元素的基本来源是饲料，其次是矿物质补充饲料和饮水。在维持饲养时，为了保持羊体血浆和体组织矿物质成分的平衡，必须从饲料中得到充分的矿物质。

（4）维生素。维生素属于低分子有机化合物，在动物体内含量极少，不是构成机体各组织器官的原料和供能物质，但它在调节机体各种代谢过程中必不可少，它能启动机体的物质代谢，是维持羊体正常生理机能所必需的，是有高度生物活性的有机化合物。维生素对羊体健康、生长和繁殖都有重要的作用。维生素不足会引起机体代谢紊乱、生长停滞、抗病力下降、生产性能下降、繁殖机能紊乱等一些缺乏症的表现。

羊体必需的维生素分为脂溶性维生素和水溶性维生素，脂溶性维生素主要包括维生素 A、维生素 D、维生素 E 和维生素 K；水溶性维生素主要包括 B 族维生素和维生素 C。羊体所需要的维生素除由饲料中获取外，还可由消化道微生物合成，水溶性维生素及脂溶性维生素 K 可由瘤胃内的微生物合成。在养羊生产中，对维生素 A、维生素 D、维生素 E 和维生素 K 比较重视。一般来讲，只要喂给足够数量的青干草及青贮饲料或青绿饲料，羊所需的各种维生素均可得到满足。

羊在维持饲养中，也要消耗一定的维生素，这就必须由饲料来补给，特别是维生素 A 和维生素 D 的补充，这两种维生素，在夏秋吃青草时期一般不会缺乏，只在冬春时期应注意补充。

（5）水。水是羊体组织器官的主要组成部分，约占体重的一半，水参与羊体内营养物质的消化、吸收、排泄等生理生化过程。另外，水对调节体温起着重要作用，羊体内失水 10%，可导致代谢紊乱；失水 20%，可引起死亡。

羊体内所需水的主要来源包括饮水、饲料和代谢水，羊体需水量受机体代谢水平、环境温度、生理阶段、体重、采食量和饲料组成等因素的影响。

### （二）生长和肥育的营养需要

#### 1. 羊生长的营养需要

羊的生长表现为增重和产肉量增加，实际是肌肉、骨骼和组织器官的增长，其中主要还是体内蛋白质和矿物质的增加。

羊从出生到 1.5 岁，肌肉、骨骼和各组织器官的发育较快，需要沉积大量的蛋白质和矿物质。尤其是从出生到 8 月龄，是羊一生中生长发育最快的时期，对营养物质的需要量较高。

羔羊在哺乳前期（0～8 周），主要依靠母乳来生长发育；在哺乳后期（9～16 周），依靠母乳，并结合给羔羊单独补饲。在整个哺乳期，羔羊生长发育非常快，日增重可达 200～300 g，毛的生长也很迅速，断乳时细毛羊的毛长可达 4～5 cm。哺乳期的羔羊对蛋白质的质和量的要求都很高，每千克增重仅需母乳 5 kg 左右。

断奶后，主要依靠所饲草料来生长发育。此阶段增重虽不如哺乳期那么快，但如果饲养条件适宜，在一定补饲的条件下，日增重仍可保持 100～200 g。

羊增重的可食成分主要是蛋白质（肌肉）和脂肪，但不同时期这两种成分的沉积量是不一样的。例如，体重为 10 kg 时，蛋白质的沉积量可占增重的 35%，而在体重 50~60 kg 时，则蛋白质沉积量所占的比例下降为 10% 左右，脂肪沉积比例却上升到首位，很明显，蛋白质所占比例较高的时期，其增重速度较快，每千克增重的成本也较低，饲料报酬高。

羊在育成阶段，对蛋白质的质和量要求仍然较高，比如哺乳期 2~4 月龄的母羔羊，每日需要可消化粗蛋白质 105~110 g，断奶后直至 1.5 岁时仍保持这个水平。而公羔每日所需的可消化粗蛋白质，则应从哺乳期的 130~135 g，提高到育成期的 135~160 g。

蛋白质中，对生长影响最大的是赖氨酸，所以，应注意选择富含赖氨酸的饲料来饲喂，羊在生长过程中，骨骼生长很快，对钙、磷的需要非常迫切。哺乳期每只羔羊每日约需钙 4.4 g、磷 3.2 g，在育成期，每只羊每日需钙 5.0~6.6 g、磷 3.2~3.6 g，并使其比例接近 2∶1。维生素 A 和维生素 D 对生长发育中的羊也尤为重要。

2. 羊肥育的营养需要

羊肥育的目的是增加羊体肌肉和脂肪等可食部分，并改善羊肉的品质。羔羊的肥育以增加肌肉为主，而对于成年羊，主要是增加脂肪。所以成年羊的肥育，对日粮蛋白质水平要求不高，只要能提供充足的能量饲料，就能取得较好的肥育效果。增加的肌肉组织，主要由蛋白质构成，其中也有少量脂肪，占 1%~6%，增加的脂肪，主要蓄积在皮下结缔组织，腹腔（网膜）和肌肉内。

无论是肥育羔羊还是成年羊，供给的营养物质，必须超过它本身维持饲养所必需的营养物质，才能够在羊体内增加肌肉和沉积脂肪。肥育羔羊与肥育成年羊比较，因为羔羊既要生长又要肥育，所需蛋白质较成年羊多，但羔羊增重快，饲料利用率高，从肥育效果分析，肥育羔羊最为有利。

### （三）产毛的营养需要

羊毛是一种由 18 种氨基酸所组成的角质化蛋白质实体，富含含硫氨基酸，其胱氨酸的含量可占角蛋白总量的 9%～14%。因此胱氨酸非常重要，更主要的是其中含有 3%～5% 的有机硫，在毛囊发生的角质化过程中，有机硫是一种重要的刺激素，含量多时，不但产毛量增多，而且毛的弹性和手感也较好。所以，绵羊的硫代谢水平较高，需硫量大于其他羊。

羊瘤胃内微生物可利用饲料中的无机硫和尿素氮合成含硫氨基酸，以满足羊毛生长的需要，提高羊毛产量，并且羊毛的长度和强度也相应增加，改善羊毛品质。

羊是主要的产毛家畜。产毛的营养需要，与维持、生长、肥育和繁殖的营养需要相比，所占比例并不大，并远低于产乳的营养需要，但是如果日粮粗蛋白低于 5.8% 的水平，也不能满足产毛的最低要求。羊用于产毛的能量需要更是不多，产毛的能量需要，只占维持需要的 10% 左右。

矿物质中除硫外，铜与产毛的关系也很密切。缺铜的羊除可能发生贫血、瘦弱和生长发育受阻外，产毛量和所产毛质也下降，羊毛弯曲变形，被毛粗乱，还能使黑裘皮缺少黑色素。一般日粮是不会缺铜的，只在缺铜的地区要注意合理补饲，但应注意的是，绵羊对铜的耐受力非常有限，每千克饲料干物质中铜的含量达 5～10 mg 已能满足羊的各种需要，超过 20 mg 时，有可能造成羊的铜中毒。

维生素 A 对羊的皮肤健康和毛的正常生长有着十分重要的作用，夏秋一般不缺乏，只是在冬春应注意补饲一定数量的胡萝卜素。其主要原因是牧草枯黄后，维生素 A 已基本上被破坏，不能满足羊的需要。对高粗料日粮或舍饲饲养为主的羊，应提供一定的青绿多汁饲料或青贮料，以弥补维生素的不足。

### （四）产奶的营养需要

母羊分娩后泌乳期的长短或泌乳量的高低对羔羊的生长发育和

健康有重要影响。在哺乳前期，母乳是羔羊重要的营养物质，尤其是出生后 15~20 d，母乳几乎是羔羊唯一的营养物质，因此应保证母羊全价饲养，以提高产乳量和乳的品质。在哺乳后期，母羊泌乳力下降，羔羊也具有采食植物性饲料的能力。因此，母羊产奶前期的营养需要高于后期，在母羊产奶前期要合理搭配饲料，以供给充足的营养。

羊乳中含有乳酪素、白蛋白、乳糖、乳脂和各种维生素等营养成分，这些成分是饲料中不存在的，必须经乳细胞合成分泌而来。但如果饲料中的蛋白质、碳水化合物、矿物质和维生素不足，就会直接影响乳的产量和质量，缩短泌乳期。乳酪素和白蛋白是生物学价值最高的蛋白质。饲料中供给的纯蛋白质必须高出乳中所含纯蛋白质的 1.4~1.6 倍。

泌乳是一个高度消耗性的过程。母羊在最高泌乳时期的营养需要，约为空怀母羊的 3 倍，因此对于产奶量较高的母羊，仅靠放牧或补饲干草是不能满足产奶的需要，必须根据产奶量的多少，补饲一定数量的混合精料。

为了满足产奶的需要，必须经常供给骨粉和食盐，较合理的钙、磷比例为（1.5~1.7）:1。

维生素 A、维生素 B、维生素 C、维生素 D 对产奶有重大作用。在舍饲饲养时，给羊提供充足的青绿多汁饲料，有促进产奶的作用。

（五）繁殖的营养需要

羊的体况好坏与繁殖能力有密切的关系，而营养水平又是影响羊体况的重要因素。

蛋白质对羊的繁殖性能有重要的影响作用。精液中所含有的蛋白质成分都是高质量的蛋白质，一部分必须直接来自饲料，因此，饲料中蛋白质不足时，使精液品质下降。亚麻油酸、花生油酸等不饱和脂肪酸，是合成激素的必需品，这些物质如果供给不足，也会使公母羊繁殖力受到影响。

维生素 A、维生素 D、维生素 E 对公母羊的繁殖力影响很大，如果不足，会使精液品质下降，性欲下降，引起母羊早期流产，妨碍受胎。B 族维生素在瘤胃内合成不足时，会导致公羊睾丸萎缩，母羊繁殖停止。

1. 种公羊

种公羊对提高羊群的生产力起着重要作用，必须重视种公羊的饲养。种公羊精液数量和品质，取决于饲料的全价性和合理的饲养管理。要根据种公羊的配种强度或采精次数，合理调整日粮的能量和蛋白质水平，并保证真蛋白质占有较大比例。公羊的射精量平均为 1 ml（0.7~2 ml），每毫升精液所消耗的营养物质约相当于 50 g 可消化蛋白质。

配种结束后，种公羊随即进入非配种期。在此阶段，种公羊的营养水平可相对较低。通常日粮的营养水平比维持高 10%~20%，已能满足需要，日粮中粗料比例也可以提高。

配种结束后，要注意两点：

（1）配种结束后的最初 1~2 个月是种公羊体况恢复时期，配种任务重或采精多的公羊由于体况下降明显，在恢复期内应继续饲喂配种期的日粮；同时，提供充足的青绿多汁饲料，待公羊的体况基本恢复后，再逐渐改喂非配种期日粮。

（2）种公羊的日粮不能全部采用干草或秸秆，必须保证一定比例的混合精料，以免造成公羊腹围过大而影响配种，在生产中，公羊在非配种期的混合精料补喂量一般以 0.5~1.0 kg 为宜，同时应尽可能保证一定量的青绿多汁饲料。常年补饲骨粉和食盐。

2. 种母羊

对繁殖母羊，要求常年保持良好的饲养管理条件和较高的营养水平。

（1）空怀母羊。空怀母羊主要是恢复体况。给予丰富的营养，才能加速子宫和体况的恢复，尽快更好地参加高频繁殖。

（2）妊娠母羊。母羊在妊娠期所需营养比较多，一方面供给胎儿生长发育所必需的营养，另一方面母羊本身也需要一定的营养为分娩后泌乳作准备。妊娠前期，母羊对日粮的营养水平要求不高，但必须提供一定数量的优质蛋白质、矿物质和维生素。因为在妊娠前期是胎儿生长发育最强烈的时期，胎儿各组织器官的分化和形成大多在这一时期内完成，但胎儿的增重较小，所增重仅占羔羊初生重的10%。妊娠后期，能量代谢要比空怀母羊高出15%~20%，磷、钙需要也相应增加，合理的钙、磷比例为（2~2.5）：1。这一时期，胎儿发育快，所增重占羔羊初生重的90%。母体增重的60%和胎儿贮积纯蛋白质的80%均在这一时期内完成。由于母羊腹腔容积随着胎儿的生长发育变小，采食量受限，应补饲易消化、体积小、营养价值高的精料和优质干草，对蛋白质、矿物质和维生素的需要量明显增加。

## 二、饲养标准

羊的饲养标准又叫羊的营养需要量，它是羊维持生命活动和从事生产（乳、肉、毛、繁殖等）对能量和各种营养物质的需要量。各种营养物质的需要，不但数量要充足，而且比例要恰当。饲养标准是对不同类型、性别、年龄、体重、生产目的和生产水平的羊，每只每天需要的各种营养物质的数量规定，这种规定是以一定条件下的营养试验的结果为依据，结合实际饲养的经验制定的。

### （一）肥育羊

肥育羊可分为肥育羔羊和成年肥育羊，由于它们年龄不同，生理状况不同，所以育肥时采用不同的饲养标准（表3-1，表3-2）。

表3-1　肥育羔羊的饲养标准（每只每日）

| 月龄 | 体重（kg） | 风干饲料（kg） | 消化能（MJ） | 可消化粗蛋白质（g） | 钙（g） | 磷（g） | 食盐（g） | 胡萝卜素（mg） |
|---|---|---|---|---|---|---|---|---|
| 3 | 25 | 1.2 | 10.5~14.6 | 80~100 | 1.5~2 | 0.6~1 | 3~5 | 2~4 |

（续表）

| 月龄 | 体重（kg） | 风干饲料（kg） | 消化能（MJ） | 可消化粗蛋白质（g） | 钙（g） | 磷（g） | 食盐（g） | 胡萝卜素（mg） |
|---|---|---|---|---|---|---|---|---|
| 4 | 30 | 1.4 | 14.6~16.7 | 90~150 | 2~3 | 1~2 | 4~8 | 3~5 |
| 5 | 40 | 1.7 | 16.7~18.8 | 90~140 | 3~4 | 2~3 | 5~9 | 4~8 |
| 6 | 45 | 1.8 | 18.8~20.9 | 90~130 | 4~5 | 3~4 | 6~9 | 5~8 |

表3-2　成年肥育羊的饲养标准（每只每日）

| 体重（kg） | 风干饲料（kg） | 消化能（MJ） | 可消化粗蛋白质（g） | 钙（g） | 磷（g） | 食盐（g） | 胡萝卜素（mg） |
|---|---|---|---|---|---|---|---|
| 40 | 1.5 | 15.9~19.2 | 90~100 | 3~4 | 2.0~2.5 | 5~10 | 5~10 |
| 50 | 1.8 | 16.7~23.0 | 100~120 | 4~5 | 2.5~3.0 | 5~10 | 5~10 |
| 60 | 2.0 | 20.9~27.2 | 110~130 | 5~6 | 2.8~3.5 | 5~10 | 5~10 |
| 70 | 2.2 | 23.0~29.3 | 130~160 | 6~7 | 3.5~4.5 | 5~10 | 5~10 |
| 80 | 2.4 | 27.2~33.5 | 130~160 | 7~8 | 3.5~4.5 | 5~10 | 5~10 |

## （二）育成羊的饲养标准

羔羊生长发育很快，所需营养物质较多，应根据不同生产目的，制定不同的饲养标准，公羊正常发育所需的营养物质多于母羊，因此，公母羊羔羊应分开饲养。对于去势公羊，以母羔的最低需要为限（表3-3至表3-5）。

表3-3　不同月龄的育成羊每增重100 g的营养需要量

| 月龄 | 4~6 | 6~8 | 8~10 | 10~12 | 12~18 |
|---|---|---|---|---|---|
| 消化能（MJ） | 2.2 | 3.89 | 4.27 | 4.90 | 5.94 |
| 可消化粗蛋白质（g） | 33 | 36 | 36 | 40 | 46 |

表 3-4 育成母羊的饲养标准（每只每日）

| 月龄 | 体重（kg） | 风干饲料（kg） | 消化能（MJ） | 可消化粗蛋白质（g） | 钙（g） | 磷（g） | 食盐（g） | 胡萝卜素（mg） |
|---|---|---|---|---|---|---|---|---|
| 4~6 | 25~30 | 1.2 | 10.9~13.4 | 70~90 | 3.0~4.0 | 2.0~3.0 | 5~8 | 5~8 |
| 6~9 | 30~36 | 1.3 | 12.6~14.6 | 72~95 | 4.0~5.2 | 2.8~3.2 | 6~9 | 6~8 |
| 8~10 | 36~42 | 1.4 | 14.6~16.7 | 73~95 | 4.5~5.5 | 3.0~3.5 | 7~10 | 7~9 |
| 10~12 | 37~45 | 1.5 | 14.6~17.2 | 75~100 | 5.2~6.0 | 3.2~3.6 | 8~11 | 7~9 |
| 12~18 | 42~50 | 1.6 | 14.6~17.2 | 75~95 | 5.5~6.5 | 3.2~6.5 | 8~11 | 7~9 |

表 3-5 育成公羊的饲养标准（每只每日）

| 月龄 | 体重（kg） | 风干饲料（kg） | 消化能（MJ） | 可消化粗蛋白质（g） | 钙（g） | 磷（g） | 食盐（g） | 胡萝卜素（mg） |
|---|---|---|---|---|---|---|---|---|
| 4~6 | 30~40 | 1.4 | 14.6~16.7 | 90~100 | 4.0~5.0 | 2.5~3.8 | 6~12 | 5~10 |
| 6~9 | 37~42 | 1.6 | 16.7~18.8 | 95~115 | 5.0~6.3 | 3.0~4.1 | 6~12 | 5~10 |
| 8~10 | 42~48 | 1.8 | 16.7~20.9 | 100~125 | 5.5~6.5 | 3.5~4.3 | 6~12 | 5~10 |
| 10~12 | 46~53 | 2.0 | 20.1~23.0 | 110~135 | 6.0~7.0 | 4.0~4.5 | 6~12 | 5~10 |
| 12~18 | 53~70 | 2.2 | 20.1~23.4 | 120~140 | 6.5~7.2 | 4.5~5.0 | 6~12 | 5~10 |

### （三）种公羊的饲养标准

种公羊全年应保持良好的体况。在非配种期营养水平可相对较低，但也应保持中等以上的营养水平。在配种期应保证较好的营养。在开始配种前 1.5~2 个月，日粮由非配种期的饲养标准逐渐增加到配种期的饲养标准，每天要补饲一定的精饲料、多汁饲料和优质干草（表 3-6）。

表 3-6　种公羊的饲养标准（每只每日）

| 体重（kg） | 风干饲料（kg） | 消化能（MJ） | 可消化粗蛋白质（g） | 钙（g） | 磷（g） | 食盐（g） | 胡萝卜素（mg） |
|---|---|---|---|---|---|---|---|
| 非配种期 | | | | | | | |
| 70 | 1.8~2.1 | 16.7~20.5 | 110~140 | 5.0~6.0 | 2.5~3.0 | 10~15 | 15~20 |
| 80 | 1.9~2.2 | 18.0~21.8 | 120~150 | 6.0~7.0 | 3.0~4.0 | 10~15 | 15~20 |
| 90 | 2.0~2.4 | 19.2~23.0 | 130~160 | 7.0~8.0 | 4.0~5.0 | 10~15 | 15~20 |
| 100 | 2.1~2.5 | 19.2~25.1 | 130~170 | 8.0~9.0 | 5.0~6.0 | 10~15 | 15~20 |
| 配种期（配种 2~3 次） | | | | | | | |
| 70 | 2.2~2.6 | 23.0~27.2 | 190~240 | 9.0~10.0 | 7.0~7.5 | 15~20 | 20~30 |
| 80 | 2.3~2.7 | 24.3~29.3 | 200~250 | 9.0~11.0 | 7.5~8.0 | 15~20 | 20~30 |
| 90 | 2.4~2.8 | 25.9~31.0 | 210~260 | 10.0~12.0 | 8.0~9.0 | 15~20 | 20~30 |
| 100 | 2.5~3.0 | 26.8~31.8 | 220~270 | 11.0~12.0 | 8.5~9.5 | 15~20 | 20~30 |
| 配种期（配种 4~5 次） | | | | | | | |
| 70 | 2.4~2.8 | 25.9~31.0 | 260~370 | 13~14 | 9~10 | 15~20 | 30~40 |
| 80 | 2.6~3.0 | 28.5~33.5 | 280~380 | 14~15 | 10~11 | 15~20 | 30~40 |
| 90 | 2.7~3.1 | 29.7~34.7 | 290~390 | 15~16 | 11~12 | 15~20 | 30~40 |
| 100 | 2.8~3.2 | 31.0~36.0 | 310~400 | 16~17 | 12~13 | 15~20 | 30~40 |

## （四）母羊的饲养标准

### 1. 育成及空怀母羊的饲养标准

母羊大都在秋季配种，配种前 5~6 周应开始补饲，加强营养，保持良好的体况（表 3-7）。

表 3-7　育成及空怀母羊的饲养标准（每只每日）

| 月龄 | 体重（kg） | 风干饲料（kg） | 消化能（MJ） | 可消化粗蛋白质（g） | 钙（g） | 磷（g） | 食盐（g） | 胡萝卜素（mg） |
|---|---|---|---|---|---|---|---|---|
| 4~6 | 25~30 | 1.2 | 10.9~13.4 | 70~90 | 3.0~4.0 | 2.0~3.0 | 5~8 | 5~8 |
| 6~8 | 30~36 | 1.3 | 12.6~14.6 | 72~95 | 4.0~5.2 | 2.8~3.2 | 6~9 | 6~8 |
| 8~10 | 36~42 | 1.4 | 14.6~16.7 | 73~95 | 4.5~5.5 | 3.0~3.5 | 7~10 | 6~8 |

（续表）

| 月龄 | 体重（kg） | 风干饲料（kg） | 消化能（MJ） | 可消化粗蛋白质（g） | 钙（g） | 磷（g） | 食盐（g） | 胡萝卜素（mg） |
|---|---|---|---|---|---|---|---|---|
| 10~12 | 37~45 | 1.5 | 14.6~17.2 | 75~100 | 5.2~6.0 | 3.2~3.6 | 8~11 | 7~9 |
| 12~18 | 42~50 | 1.6 | 14.6~17.2 | 75~95 | 5.5~6.5 | 3.2~3.6 | 8~11 | 7~9 |

**2. 妊娠母羊的饲养标准**

妊娠前期（1~3个月）应保持良好体况，供给一定数量的优质蛋白。妊娠后期（4~5个月）增加营养价值高的饲料的比例，注意补充蛋白质、矿物质和维生素的量（表3-8）。

表3-8　妊娠母羊的饲养标准（每只每日）

| | 体重（kg） | 风干饲料（kg） | 消化能（MJ） | 可消化粗蛋白质（g） | 钙（g） | 磷（g） | 食盐（g） | 胡萝卜素（mg） |
|---|---|---|---|---|---|---|---|---|
| 怀 | 40 | 1.6 | 12.6~15.9 | 70~80 | 3.0~4.0 | 2.0~2.5 | 8~10 | 10~12 |
| 孕 | 50 | 1.8 | 14.2~17.6 | 75~90 | 3.2~4.5 | 2.5~3.0 | 8~10 | 10~12 |
| 前 | 60 | 2.0 | 15.9~18.4 | 80~95 | 4.0~5.0 | 3.0~4.0 | 8~10 | 10~12 |
| 期 | 70 | 2.2 | 16.7~19.2 | 85~100 | 4.5~5.5 | 3.8~4.5 | 8~10 | 10~12 |
| 怀 | 40 | 1.8 | 15.1~18.8 | 80~110 | 6.0~7.0 | 3.5~4.0 | 8~10 | 10~12 |
| 孕 | 50 | 2.0 | 18.4~21.3 | 90~120 | 7.0~8.0 | 4.0~4.5 | 8~10 | 10~12 |
| 后 | 60 | 2.2 | 20.1~21.8 | 95~130 | 8.0~9.0 | 4.0~4.5 | 9~12 | 10~12 |
| 期 | 70 | 2.4 | 21.8~23.4 | 100~140 | 8.5~9.5 | 4.5~5.5 | 9~12 | 10~12 |

**3. 产奶母羊的饲养标准**

产奶母羊的营养需要与产奶期和产奶量有关，哺乳前期的营养需要高于后期，产奶量越高，羔羊日增重越大，因此，根据初生羔的日增重可以确定母羊的营养需要量（表3-9）。

表3-9 产奶母羊的饲养标准（每只每日）

| 体重<br>（kg） | 风干饲料<br>（kg） | 消化能<br>（MJ） | 可消化粗<br>蛋白质<br>（g） | 钙<br>（g） | 磷<br>（g） | 食盐<br>（g） | 胡萝<br>卜素<br>（mg） |
|---|---|---|---|---|---|---|---|
| 40 | 2.0 | 18.0~23.4 | 100~150 | 7.0~8.0 | 4.0~5.0 | 10~12 | 6~8 |
| 50 | 2.2 | 19.2~24.1 | 110~190 | 7.5~8.5 | 4.5~5.5 | 12~14 | 8~10 |
| 60 | 2.4 | 23.4~25.9 | 120~200 | 8.0~9.0 | 4.6~5.6 | 13~15 | 8~12 |
| 70 | 2.6 | 24.3~27.2 | 120~200 | 8.5~9.5 | 4.8~5.8 | 13~15 | 9~15 |
| 双羔和保证羔羊日增重300~400g时的母羊饲养标准 | | | | | | | |
| 40 | 2.8 | 21.8~28.5 | 150~200 | 8.0~10.0 | 5.0~6.0 | 13~15 | 8~10 |
| 50 | 3.0 | 23.4~29.7 | 180~220 | 9.0~11.0 | 6.0~6.5 | 14~16 | 9~12 |
| 60 | 3.0 | 24.7~34.1 | 190~230 | 9.5~11.5 | 6.0~7.0 | 15~17 | 10~13 |
| 70 | 3.2 | 25.9~33.5 | 200~240 | 10.0~12.0 | 6.2~7.5 | 15~17 | 12~15 |

　　青山羊体格较小，其生长发育也有一定的特殊性，在妊娠后身体仍在生长发育，山东农业大学建议青山羊的饲养标准见表3-10至表3-17。

表3-10 妊娠期青山羊母羊的代谢能及蛋白质需要量

| 母羊体重<br>（kg） | 营养成分 | 妊娠阶段（d） | | | |
|---|---|---|---|---|---|
| | | 维持 | 1~90 | 91~120 | 120以上 |
| 10 | 代谢能（MJ/d） | 2.76 | 3.94 | 4.47 | 5.22 |
| | 粗蛋白质（g/d） | 34 | 55 | 88 | 115 |
| 15 | 代谢能（MJ/d） | 3.72 | 5.59 | 6.19 | 7.00 |
| | 粗蛋白质（g/d） | 43 | 65 | 97 | 124 |
| 20 | 代谢能（MJ/d） | 4.61 | 7.15 | 7.80 | 8.64 |
| | 粗蛋白质（g/d） | 52 | 73 | 105 | 132 |
| 25 | 代谢能（MJ/d） | 5.44 | 8.66 | 9.34 | 10.19 |
| | 粗蛋白质（g/d） | 60 | 81 | 113 | 140 |
| 30 | 代谢能（MJ/d） | 6.22 | 10.12 | 10.82 | 11.70 |
| | 粗蛋白质（g/d） | 67 | 89 | 121 | 148 |

表 3-11 泌乳期青山羊母羊的代谢能与蛋白质需要量

| 母羊体重（kg） | 营养成分 | 泌乳量（kg） | | | | |
|---|---|---|---|---|---|---|
| | | 0.00 | 0.50 | 0.75 | 1.00 | 1.25 |
| 5 | 代谢能（MJ/d） | 1.53 | 2.25 | 4.73 | 5.80 | 6.87 |
| | 粗蛋白质（g/d） | 15 | 63 | 87 | 112 | 137 |
| 10 | 代谢能（MJ/d） | 2.56 | 4.70 | 5.77 | 6.84 | 7.91 |
| | 粗蛋白质（g/d） | 24 | 73 | 97 | 122 | 146 |
| 15 | 代谢能（MJ/d） | 3.48 | 5.61 | 6.68 | 7.75 | 8.82 |
| | 粗蛋白质（g/d） | 33 | 81 | 106 | 130 | 154 |
| 20 | 代谢能（MJ/d） | 4.31 | 6.45 | 7.52 | 8.59 | 9.66 |
| | 粗蛋白质（g/d） | 40 | 89 | 114 | 138 | 162 |
| 25 | 代谢能（MJ/d） | 5.10 | 7.24 | 8.31 | 9.38 | 10.44 |
| | 粗蛋白质（g/d） | 48 | 97 | 121 | 145 | 170 |
| 30 | 代谢能（MJ/d） | 5.49 | 7.98 | 9.05 | 10.12 | 11.19 |
| | 粗蛋白质（g/d） | 55 | 104 | 128 | 152 | 177 |

表 3-12 泌乳后期青山羊母羊的代谢能与蛋白质需要量

| 母羊体重（kg） | 营养成分 | 泌乳量（kg） | | | | |
|---|---|---|---|---|---|---|
| | | 0.00 | 0.15 | 0.25 | 0.50 | 0.75 |
| 5 | 代谢能（MJ/d） | 1.81 | 2.60 | 3.12 | 4.43 | 7.05 |
| | 粗蛋白质（g/d） | 13 | 39 | 56 | 99 | 141 |
| 10 | 代谢能（MJ/d） | 3.04 | 3.83 | 4.35 | 5.66 | 6.97 |
| | 粗蛋白质（g/d） | 22 | 48 | 65 | 108 | 151 |
| 15 | 代谢能（MJ/d） | 4.12 | 4.91 | 5.43 | 6.74 | 8.05 |
| | 粗蛋白质（g/d） | 30 | 55 | 73 | 116 | 159 |
| 20 | 代谢能（MJ/d） | 5.12 | 5.91 | 6.43 | 7.74 | 9.05 |
| | 粗蛋白质（g/d） | 37 | 63 | 80 | 123 | 166 |
| 25 | 代谢能（MJ/d） | 6.05 | 6.84 | 7.36 | 8.67 | 9.98 |
| | 粗蛋白质（g/d） | 44 | 69 | 87 | 129 | 172 |
| 30 | 代谢能（MJ/d） | 6.94 | 7.72 | 8.25 | 9.56 | 10.86 |
| | 粗蛋白质（g/d） | 50 | 76 | 93 | 136 | 179 |

表3-13　哺乳期青山羊羔羊的代谢能与蛋白质需要量

| 体重（kg） | 营养成分 | 日增重（g） | | | | |
|---|---|---|---|---|---|---|
| | | 0 | 20 | 40 | 60 | 80 |
| 1 | 代谢能（MJ/d） | 0.46 | 0.60 | 0.75 | 0.89 | 1.04 |
| | 粗蛋白质（g/d） | 3 | 9 | 14 | 19 | 25 |
| 2 | 代谢能（MJ/d） | 0.76 | 0.91 | 1.06 | 1.20 | 1.35 |
| | 粗蛋白质（g/d） | 5 | 11 | 16 | 22 | 27 |
| 4 | 代谢能（MJ/d） | 1.38 | 1.62 | 1.85 | 2.08 | 2.32 |
| | 粗蛋白质（g/d） | 9 | 16 | 22 | 29 | 35 |
| 6 | 代谢能（MJ/d） | 1.88 | 2.11 | 2.34 | 2.58 | 2.81 |
| | 粗蛋白质（g/d） | 12 | 19 | 26 | 32 | 39 |
| 8 | 代谢能（MJ/d） | 2.33 | 2.53 | 2.79 | 3.03 | 3.26 |
| | 粗蛋白质（g/d） | 13 | 22 | 28 | 35 | 42 |

表3-14　生长期青山羊的代谢能与蛋白质需要量

| 体重（kg） | 营养成分 | 日增重（g） | | | | |
|---|---|---|---|---|---|---|
| | | 0 | 20 | 40 | 60 | 80 |
| 6 | 代谢能（MJ/d） | 1.30 | 1.90 | 2.51 | 3.11 | 3.72 |
| | 粗蛋白质（g/d） | 11 | 22 | 33 | 44 | 55 |
| 8 | 代谢能（MJ/d） | 1.61 | 2.50 | 3.37 | 4.25 | 5.13 |
| | 粗蛋白质（g/d） | 13 | 24 | 36 | 47 | 58 |
| 10 | 代谢能（MJ/d） | 1.91 | 3.06 | 4.22 | 5.37 | 6.53 |
| | 粗蛋白质（g/d） | 16 | 27 | 38 | 49 | 60 |
| 12 | 代谢能（MJ/d） | 2.19 | 3.62 | 5.05 | 6.48 | 7.91 |
| | 粗蛋白质（g/d） | 18 | 29 | 40 | 52 | 63 |
| 14 | 代谢能（MJ/d） | 2.45 | 4.16 | 5.87 | 7.58 | 9.29 |
| | 粗蛋白质（g/d） | 20 | 31 | 43 | 54 | 65 |
| 16 | 代谢能（MJ/d） | 2.71 | 4.70 | 6.68 | 8.66 | 10.65 |
| | 粗蛋白质（g/d） | 22 | 34 | 45 | 56 | 67 |

表 3-15　青山羊后备公羊的代谢能与蛋白质需要量

| 体重<br>（kg） | 营养成分 | 日增重（g） | | | | |
|---|---|---|---|---|---|---|
| | | 0 | 20 | 40 | 60 | 80 |
| 12 | 代谢能（MJ/d） | 3.10 | 3.36 | 3.63 | 3.89 | 4.15 |
| | 粗蛋白质（g/d） | 24 | 32 | 40 | 49 | 57 |
| 15 | 代谢能（MJ/d） | 3.67 | 4.33 | 5.00 | 5.67 | 6.33 |
| | 粗蛋白质（g/d） | 28 | 36 | 45 | 53 | 61 |
| 18 | 代谢能（MJ/d） | 4.20 | 5.28 | 6.35 | 7.42 | 8.49 |
| | 粗蛋白质（g/d） | 32 | 40 | 49 | 57 | 66 |
| 21 | 代谢能（MJ/d） | 4.72 | 6.20 | 7.67 | 9.15 | 10.63 |
| | 粗蛋白质（g/d） | 36 | 44 | 53 | 61 | 70 |
| 24 | 代谢能（MJ/d） | 5.22 | 7.10 | 8.89 | 10.88 | 12.74 |
| | 粗蛋白质（g/d） | 40 | 48 | 56 | 65 | 73 |

表 3-16　青山羊种公羊的代谢能与蛋白质需要量

| 体重<br>（kg） | 营养成分 | 日增重（g） | | | | |
|---|---|---|---|---|---|---|
| | | 0 | 20 | 40 | 60 | 80 |
| 16 | 代谢能（MJ/d） | 3.83 | 4.55 | 5.28 | 6.01 | 6.74 |
| | 粗蛋白质（g/d） | 63 | 76 | 88 | 101 | 114 |
| 20 | 代谢能（MJ/d） | 4.75 | 5.48 | 6.20 | 6.93 | 7.66 |
| | 粗蛋白质（g/d） | 78 | 91 | 104 | 116 | 129 |
| 25 | 代谢能（MJ/d） | 5.61 | 6.34 | 7.07 | 7.79 | 8.52 |
| | 粗蛋白质（g/d） | 92 | 105 | 118 | 131 | 143 |
| 30 | 代谢能（MJ/d） | 6.44 | 7.16 | 7.89 | 8.62 | 9.34 |
| | 粗蛋白质（g/d） | 106 | 118 | 131 | 144 | 157 |

表3-17　青山羊种公羊配种期的代谢能与蛋白质需要量

| 体重（kg） | 营养成分 | 配种次数（次/d） | | | | |
|---|---|---|---|---|---|---|
| | | 1 | 2 | 4 | 6 | 8 |
| 16 | 代谢能（MJ/d） | 4.76 | 5.70 | 7.57 | 9.45 | 11.32 |
| | 粗蛋白质（g/d） | 86 | 108 | 154 | 199 | 245 |
| 20 | 代谢能（MJ/d） | 5.91 | 7.07 | 9.40 | 11.72 | 14.05 |
| | 粗蛋白质（g/d） | 101 | 123 | 169 | 215 | 260 |
| 25 | 代谢能（MJ/d） | 6.99 | 8.36 | 11.11 | 13.86 | 16.61 |
| | 粗蛋白质（g/d） | 115 | 138 | 183 | 229 | 274 |
| 30 | 代谢能（MJ/d） | 8.01 | 9.39 | 12.74 | 15.89 | 19.04 |
| | 粗蛋白质（g/d） | 128 | 151 | 197 | 242 | 288 |

## 三、饲料的类型及加工调制

用于养羊生产的饲料种类比较多，按其来源可分为植物性饲料、动物性饲料、矿物质饲料和其他饲料。根据国际命名和分类原则及其特性主要有青绿饲料、多汁饲料、精饲料、粗饲料、青贮饲料和维生素补充料以及添加剂。

### （一）青绿饲料

青绿饲料是指天然含水量在60%以上的新鲜饲草以及放牧形式饲喂的人工栽培牧草、草原牧草等。

青绿饲养是包括各种新鲜野生杂草、人工栽培牧草、青割饲料、树叶、青干草等。青绿饲料的特点：体积大、水分含量高、维生素含量丰富、适口性好、羊喜爱采食、消化利用率高。在贮存时要摊薄，不可堆放，堆放容易引起发热，不仅使一些营养成分遭到破坏，而且使饲料中的硝酸盐分解产生毒性很强的亚硝酸盐，羊采食后易引起中毒而死亡。

禾本科牧草在抽穗期，豆科牧草在始花期收割晾晒的青干草，营养物质均衡，钙、磷含量高，胡萝卜素破坏较少，饲料消化率高，饲喂效果好，所以，在野生草生长茂盛季节，尽可能地多收割，制成优质干草，打捆存好。

## （二）多汁饲料

多汁饲料是指水分含量特别高的块根、块茎、蔬菜和瓜类作物，且含有一定量的非蛋白态的含氮物质，脱水后的干物质中粗纤维和粗蛋白质含量都较低，富含淀粉，矿物质含量不一，一般缺少钙、磷、钠，而钾的含量比较丰富，维生素含量因种类不同而有很大差异。可以作为能量饲料的补充。

多汁饲料的适口性好，消化率高，是羊在冬春季节不可缺少的饲料，用以补充维生素的不足。

## （三）精饲料

又称精料。单位体积或单位重量内含营养成分丰富，粗纤维含量低，消化率高。按营养价值分类，凡每千克干物质含消化能11 077 kJ以上，粗纤维含量低于18%，天然水分低于45%的均属精饲料。可分为高能量精料，如禾谷类籽实及加工副产品；高蛋白质精料，如动物性饲料、豆科籽实及其粮油加工副产品。

主要包括玉米、高粱、大麦、燕麦、黑豆、豌豆等各种作物的籽实和各种饼粕类。其中玉米为肥育羊最好的饲料，与豆科牧草混饲效果更好。精饲料的主要特点：体积小、粗纤维和水分含量少、营养丰富、易消化。妊娠母羊、喂乳的羔羊、配种的种公羊更要注意补饲精料。各种精饲料营养物质含量不均衡，配合饲喂，可以使营养物质得到互补，提高营养价值。

1. 能量饲料

凡饲料干物质中蛋白质低于20%和粗纤维含量低于18%的均属于此类。包括禾本科植物及其加工副产品和多汁饲料。如谷实类、糠麸类、淀粉质块根块茎类、糟渣类等，常用的谷实类（籽实类）有玉米、高粱、小麦、大麦、稻谷、小米，糠麸类有次粉、小麦麸、米糠、统糠，块根块茎瓜类有甘薯、胡萝卜、马铃薯、南瓜、甜菜、菊芋等。

玉米号称饲料之王。它在谷实类饲料中含可利用能量最高，含代谢能约 13.56 MJ/kg，玉米的颜色有黄色、白色之分，黄玉米含有少量胡萝卜素，有助于蛋黄和皮肤的着色。我国的饲料原料标准把玉米分为三级，其质量标准如下。

一级：粗蛋白质大于等于 9%，粗纤维小于 1.5%，粗灰分小于 2.3%。

二级：粗蛋白质大于等于 8%，粗纤维小于 2%，粗灰分小于 2.3%。

三级：粗蛋白质大于等于 7%，粗纤维小于 2.5%，粗灰分小于 3.0%。

2. 蛋白质饲料

蛋白质饲料是指自然含水率低于 45%，干物质中粗纤维又低于 18%，而干物质中粗蛋白质含量达到或超过 20% 的豆类、饼粕类、鱼粉等均划归蛋白质饲料。

在饲料中的所有含氮化合物均叫做"粗蛋白质"，并不是完全意义上的蛋白质，还含有其他复杂的蛋白质、多肽、氨基酸、酰胺、硝酸盐等，饲料工业上所有的蛋白质饲料几乎都是成熟了的籽实以及籽实的加工产物，它们的含氮化合物主要是蛋白质。蛋白质饲料的另一个制约条件是粗纤维含量在 18% 以下，意味着蛋白质饲料含有相当高的可利用能量。

按照主要来源不同，蛋白质饲料可分为植物性蛋白饲料、动物性蛋白饲料、单细胞蛋白饲料和非蛋白氮饲料四大类。

常用的植物性蛋白饲料为饼粕类。富含脂肪的豆类籽实和油料籽实提取油后的副产品统称为饼粕饲料，是我国主要的植物蛋白饲料，但由于其中含有一些对畜禽有毒有害的物质，要对其进行脱毒处理，才能作为饲料用，现介绍几种脱毒方法：

（1）大豆饼、粕。大豆饼、粕是用量最多的植物性蛋白饲料，蛋白质含量高，氨基酸组成平衡营养价值较高，但大豆中含有胰蛋白酶抑制因子、血细胞凝集素、甲状腺肥大素、肠胃产气因子、皂甙等抗营养物质。最重要的抗营养因子是胰蛋白酶抑制因子。它们多为不耐热成分，在大豆饼、粕的生产过程中由于加热而失活，从而降低或丧失其毒害作用。但由于加工过程中温度和时间控制不好，使有害物质不能完全除去，经研究发现，以加热温度到100℃，时间以6~15 min 为宜，热处理过度，会导致蛋白质过度变性，氨基酸结构遭到破坏，从而降低了蛋白质的营养价值。在具体作大豆饼、粕加热处理时，应了解其加工技术，然后再决定热处理的温度和时间。

（2）棉籽饼、粕。棉籽饼、粕也是蛋白质饲料重要的来源，蛋白质含量高，由于含有对畜禽有毒的棉酚等物质，作为饲料受到限制。棉籽饼、粕常采用的脱毒方法如下。

硫酸亚铁法：硫酸亚铁中的亚铁离子（$Fe^{2+}$）与游离棉酚螯合，从而除去棉酚，亚铁离子不仅能使其毒性降低，而且能降低其在肝脏中的蓄积量，从而起到预防中毒的作用。脱毒时根据棉籽饼、粕中游离酚的含量，按铁元素与游离棉酚1：1的重量比，向饼、粕中加入硫酸亚铁。这种脱毒方法可在油脂厂棉籽加工过程中进行。

碱处理法：在棉籽饼、粕中加入烧碱或纯碱的水溶液、石灰乳等。脱毒可在油厂集中进行，在棉籽饼、粕中加碱，并加热蒸炒，使饼、粕中的游离棉酚被破坏或结合。脱毒也可在饲养场进行，可将饼、粕用碱水浸泡，再用清水冲洗后即可饲喂。

微生物发酵法：棉籽饼、粕中的毒素能被微生物分解达到脱毒的目的。微生物生长过程中消耗掉了部分营养物质，但由于菌丝的生长，处理后的棉籽饼、粕的蛋白质含量增加1%~3%，氨基酸含量也相应有所增加。

加热法：将棉籽饼、粕经过蒸、煮、炒等加热处理，使游离棉酚与蛋白质和氨基酸结合而去毒。但这种处理方法会使棉籽饼、粕中的赖氨酸的有效性大大降低。

一些非蛋白含氮物质可以作为非蛋白含氮饲料。凡含氮的非蛋白可饲物质均可称为非蛋白氮饲料。非蛋白氮是指除真蛋白（多肽）以外的其他所有含氮物质化合物，主要包括一些有机非蛋白氮化合物如氨、酰胺、胺、氨基酸和无机氮化合物如铵盐类。作为非蛋白氮补充饲料的一般为氨的衍生物，如尿素、双缩脲、氨、铵盐及其他合成的简单含氮化合物。作为简单的纯化合物质，非蛋白氮饲料对动物不能提供能量，其作用只是供给瘤胃微生物合成蛋白质所需的氮源，以节省蛋白质饲料。

反刍动物的瘤胃中生活着大量细菌、原虫和真菌等。瘤胃细菌可以产生脲酶，将尿素分解为二氧化碳和氨，瘤胃细菌可将碳水化合物发酵产生挥发性脂肪酸和酮酸。瘤胃细菌可以利用氨和酮酸合成微生物氨基酸，进而合成微生物蛋白质。这些微生物蛋白质随着瘤胃食糜流入真胃和小肠，被消化吸收。这就是反刍动物可以利用非蛋白氮化合物的原理，其中比较常用的为尿素。尿素的含氮量为46%，由于其来源广、容易运输和保存，因而是一种常用的反刍动物蛋白质饲料代用品。必须注意，应用尿素饲喂反刍动物的目的是节约蛋白质饲料。如果蛋白质饲料来源广、价格低，则完全没有必要饲喂尿素，而应该饲喂蛋白质饲料，因为尿素除了可以提供氮源以外，并不能提供其他任何营养成分。

## （四）粗饲料

粗饲料指干物质中粗纤维含量在18%或18%以上的饲料。主要包括干草类、农副产品（荚壳、藤蔓、秸秆、秧枝）、糟渣类及树叶类等。粗饲料的主要特点：粗纤维含量高，难以消化，可利用养分少，特别是粗蛋白质及维生素含量少，营养价值低，适口性差，消化率低。全国利用率不到30%，但通过适当的加工处理，可以大大改善其性能。常用的秸秆处理方法大致可分为 3 种，物理处理、化学处理和微生物处理。

1. 物理处理

用物理的方法处理粗饲料，以改变其中的某些物理性质，改善适口性，增加羊的采食量。主要是将秸秆切短、粉碎或制成颗粒料，便于动物采食、咀嚼，易于与粗饲料拌和，改善适口性，从而提高采食量。秸秆经水浸或蒸煮后，可以软化，有利于采食；也可将秸秆作膨化处理。处理后，饲料有香味，适口性好。

2. 化学处理

化学处理是指粗饲料的氨化处理和碱化处理。经处理后，秸秆的总营养价值可以大大提高，消化率可以提高 20% 以上，适口性好，采食量增加。

(1) 秸秆氨化处理。秸秆氨化处理后，可使粗蛋白质含量提高一倍以上，适口性增强，采食量增加，消化率大大提高，饲料利用率也提高了。在进行氨化处理时，所加氨化氮源也可提供一定的氮素营养。氨化处理是目前最有效的处理粗饲料的方法。具体方法如下：

秸秆的准备：用于氨化的秸秆一般为麦秸、稻草、玉米秸、高粱秆等，秸秆要新鲜干净，不能有霉变腐烂的混入。可以单独氨化也可几种原料同时氨化。为了提高氨化质量通常将秸秆切成 2~3 cm 长。

氨源及用量：用于秸秆氨化处理的氨源主要有尿素、氨水和碳酸氢铵，最常用的是尿素。

尿素：尿素的用量为干物质重的 3%~4%，最高不超过 5%，加水量占秸秆重量的 20%~30%，最后调整秸秆含水量至 40%~50%。使用时，使尿素充分溶解在一定数量的水中。

氨水：浓度在 15%~20% 范围内的氨水，用量为秸秆重的 10%~12% 为宜。

氨化时间：氨化时间的长短与环境温度密切相关。环境温度在5℃以下时，氨化时间要8周以上；环境温度为5~15℃时，氨化时间为4~8周；15~30℃时，氨化时间为1~4周；30℃以上时，氨化时间1周以内即可。用尿素或碳酸氢铵做氨源时氨化时间要比氨水略长些。

氨化方法：常用的氨化方法有堆贮法、窖贮法、缸窖法、塑料袋贮法和氨化炉法等。

堆贮法：堆贮法是将秸秆堆成垛用塑料薄膜密封，注入氨化剂进行氨化处理的方法。堆贮法要选背风向阳、地势高燥平坦，排水良好的地方。要将场地铲平，清扫干净，中间略凹便于贮存氨水，增强氨化效果。在注入氨化剂后要立即封好口，然后用土压紧薄膜，防止跑氨、漏雨，密封是氨化效果好坏的关键措施之一。

窖贮法：窖贮时窖址应选择在便于管理和运输的地方。要选择背风向阳、地势高燥、地下水位低的地方。如果挖土窖则要土质坚硬，以防坍塌。窖底部的中间部分也要略凹。

窖的大小可根据饲草需要量而定，装窖时，秸秆要踏实，防止中间下陷积水漏水，所以装好的窖要呈馒头型，高出窖40 cm左右。一般情况是铺一层秸秆，喷一层氨化剂，直到窖封顶。装完窖后，立即用塑料布把窖盖好封严，特别注意窖壁四周要压紧压实。在雨季时，要在窖旁边挖排水沟，以防雨水流入窖内而影响氨化质量。

氨化炉法：氨化炉法是用氨化炉处理饲料。最大的优点是不受自然环境影响。氨化炉法是将秸秆置于草车中，均匀地喷洒氨源水溶液，使秸秆含水率调整到45%左右为宜，草车装满后，推进炉内，关上炉门加热，温度控制在85~95℃，加热14~15 h，再闷炉5~6 h，即可打开炉口将草车拉出，放掉余氨，一般出炉后至少要24 h之后再饲喂。

饲喂及保存：氨化处理好的秸秆饲料要在饲喂前2~7 d打开通风，让余氨充分挥发，放掉余氨味后方可饲喂，否则影响采食量，并且挥发的氨也刺激羊的眼睛造成伤害。

（2）秸秆碱化处理。常用的碱化处理方法有石灰水处理法和氢氧化钠处理法。

石灰水处理法：将秸秆切成 2~3 cm。取优质生石灰，按 34 g 生石灰加 200~250 kg 清水，处理 100 kg 秸秆的比例配制成石灰水溶液，充分搅拌均匀去渣。将秸秆浸泡在石灰水溶液中 2~3 d，捞出沥去石灰水即可饲喂羊。为增加适口性也可在石灰水中加入占秸秆重 1%~1.5%的食盐。

氢氧化钠处理法：常用的方法有以下 2 种。

氢氧化钠溶液浸泡法：用 1.5%的氢氧化钠溶液浸泡秸秆 30~60 min 捞出，放置 3~4 d，进行"热化"，即可直接饲喂羊。

喷洒碱水法：将秸秆切成 2~3 cm 长，1 kg 秸秆喷洒 5%的氢氧化钠溶液 1 kg，边喷洒边搅拌，第二天即可饲喂。经处理后的饲料呈鲜黄色，有咸味。

3. 微生物处理

微生物处理就是利用一些有益微生物，在特定条件下，分解秸秆中难以被羊利用的纤维素或木质素，并增加了菌体蛋白、维生素等有益物质，从而提高了秸秆的营养价值。常用的方法有添加酶制剂和用活菌种。

微贮就是在农作物秸秆中加入微生物高效活干菌发酵的过程，利用生物技术筛选培育出的微生物活干菌剂，是一种高效活菌种，经过溶解复活后，加入浓度为 1%的盐水中，再喷洒至切短的秸秆上，在厌氧条件下由微生物生长繁殖来完成。活干菌能高效降解秸秆中的木质纤维类物质，补充和贮备易发酵的糖类，使其转化为有机酸。

秸秆发酵活干菌在秸秆发酵贮存中，可大大促进微生物的生物化学作用，控制发酵过程，调节各种有机酸的比例，抑制有害微生物繁殖，有效提高秸秆中 B 族维生素和胡萝卜素的含量，使微贮料

pH 值稳定在 4.2～4.5，不发生过酸和霉烂现象，并可预防羊酸中毒和酮糖中毒。

### （五）青贮饲料

青贮饲料是以新鲜的天然植物性饲料为原料，经过切碎填入密闭青贮窖缸、壕、塔或塑料袋中，压实封闭，通过微生物（乳酸菌）的发酵作用，或采用化学制剂调制而得到的适口性强的青绿多汁饲料。

1. 青贮的意义

青贮饲料已在世界范围内广泛推广使用，它具有许多优点，如青贮方法简便易行，经济、实惠，可以较长时间保存而不会发霉变质，在畜牧生产上有着重要意义。

（1）青贮饲料能有效地保存青绿饲料的营养成分。一般青绿植物在成熟晒干之后，营养价值降低 30%～50%，但青贮饲料只降低 3%～10%。青贮能有效地保存青绿植物中的蛋白质和维生素（胡萝卜素）。青贮过程中，由于乳酸杆菌的作用，使菌体蛋白含量增加 20%～30%，营养提高 30%～50%，同时由于秸秆变软、变熟、易于消化，也可以增进食欲，提高采食量。

（2）青贮饲料适口性好，消化率高。青贮料能保持青绿饲料中的鲜嫩汁液，并且具有芳香的酸味，适口性好，增加采食量。

（3）青贮可以扩大饲料来源。羊不愿采食或不能采食的一些青绿植物，经过青贮后，可以成为羊喜欢的饲料。

（4）青贮饲料可以在任何时候为羊所采食。经过正确制备的青贮饲料，可以保存 20 多年仍能保持良好品质。经过青贮可以冻死一些寄生在原料中的害虫。

2. 青贮原理

青贮的原理就是在厌氧条件下，利用乳酸菌发酵产生乳酸，使青贮料中的 pH 值下降至 3.8～4.2，则青贮料中所有微生物的活动都被抑制，从而达到保存青绿饲料营养价值的目的。

3. 青贮饲料的发酵过程

青贮原料从收割、切碎、封埋到启窖，大致经过以下几个阶段：

（1）好气性活动阶段。刚收割下来的新鲜青贮原料在切短下窖后，植株细胞并未立即死亡，切碎的青贮原料被装窖后虽然密封，但仍有空气，植物的活细胞在 $1 \sim 3$ d 仍然进行着呼吸作用，呼出 $CO_2$，消耗 $O_2$，直到窖内 $O_2$ 被耗尽形成厌氧状态时，才停止呼吸。

在此期间，附着在青贮原料上的好气性微生物如酵母菌、霉菌、腐败菌和醋酸菌等，利用植物中可溶性碳水化合物等养分进行生长繁殖。植物细胞的呼吸作用，好气性微生物的活动和各种酶的作用，使青贮窖内残留的氧气很快被耗尽，形成了微氧甚至无氧环境，并产生二氧化碳、水和部分醇类，还有醋酸、乳酸和琥珀酸等有机酸。植物细胞的呼吸作用和微生物的活动还放出热量，因此在此时期形成厌氧、微酸性和较温暖的环境，为乳酸菌的繁殖创造了适宜的条件，植物细胞停止呼吸后，好气性细菌活动减弱，而厌氧性细菌（主要是乳酸菌）迅速增殖。

但是如果青贮窖内残余氧气过多时，植物呼吸期延长，好气性微生物活动旺盛，不仅会引起原料中营养成分的浪费，而且使窖温升高，有时甚至高达60℃，从而妨碍乳酸菌与其他微生物的竞争能力，使青贮料的营养成分遭到破坏，降低其消化率和利用率，所以在制作青贮饲料时，缩短下窖时间，排除青贮料间隙中的空气，对减少营养损失有着十分重要的意义。

（2）微生物竞争阶段。

乳酸发酵：青贮原料经切碎装入窖中后，经植物细胞的呼吸作用，将氧耗尽，窖内变为厌氧状态。乳酸菌繁殖的条件是：厌氧、一定的含糖量、65% ~ 75%的含水量、温度为 19 ~ 37℃，青贮窖内的条件适合乳酸菌迅速大量增殖，在数量上逐渐形成绝对优势。乳酸菌利用原料中的糖及水溶性碳水化合物，产生大量乳酸，从而使

pH 值急剧下降，这样就抑制了其他微生物的活动，起到防腐保鲜作用。当 pH 值下降至 4.2 以下时，乳酸菌的活动也逐渐缓慢下来。一般情况下，发酵 5~7 d 时，微生物总数达到高峰，其中以乳酸菌为主，正常青贮时，乳酸发酵阶段需历时 2~3 周。

丁酸发酵：丁酸菌又叫酪酸菌，在完全厌氧条件下生长繁殖，它不耐酸。如果青贮原料中糖分过少，形成乳酸不足和 pH 值高时，更易繁殖；或者虽然有足够的含糖量，但原料含水量太多，或者青贮窖内温度偏高，都可能导致丁酸菌增殖。

丁酸菌增殖时可将已生成的乳酸或原料中的糖分解生成丁酸，还可将蛋白质分解生成大量的胺或氨，使青贮饲料具有恶臭，降低青贮料品质，影响采食量，所以在青贮制作时必须尽快创造乳酸发酵所必需的厌氧和低 pH 值的环境，控制其他菌群的繁衍条件，尽早促使乳酸发酵在青贮饲料中占主导地位。控制丁酸发酵，是青贮技术成败的关键。

腐生菌的破坏作用：腐生菌种类繁多，几乎不受温度、有氧或缺氧条件的限制，腐生菌主要破坏青贮原料中蛋白质及氨基酸，因此在制作青贮料时，需添加一些保护剂。

醋酸的形成：乳酸菌发酵是醋酸的主要来源，但酵母菌、醋酸菌、大肠杆菌也产生醋酸，这些微生物在厌氧条件、低 pH 值环境中即停止活动。

（3）青贮完成保存阶段。当乳酸菌产生的乳酸使青贮料的 pH 值进一步下降到 3.8 以下，乳酸菌本身也被完全抑制时，青贮料中所有生物化学过程都完全停止，青贮基本完成，只要厌氧和酸性环境不变，可以长期保存下去。

4. 青贮饲料的二次发酵

二次发酵又称好气性变质，指经过乳酸发酵后的青贮料，由于启窖后温度上升，好气性微生物活动繁殖。引起二次发酵的微生物主要有霉菌和酵母菌。由于厌氧条件下形成了有机酸及残留的糖分，一旦启窖后氧气侵入，为霉菌和酵母菌提供了养料及滋生条件，进而引起青贮料的败坏。

在青贮料败坏过程中温度变化有两个高峰。第一个升温高峰在启窖后的 1~2 d 出现，是由酵母菌发酵引起的；第二个升温高峰是由于霉菌增殖的结果。但也有启窖后温度持续上升直到饲料败坏的现象。事实上，青贮料在第一次发热高峰时，即酵母菌增殖时，其外观已完全变质，失去了作为饲料的价值。

防止二次发酵的方法主要有两个：一是隔绝空气，创造厌氧条件。取料后及时饲喂，保存过程防止漏气。二是喷洒药剂。

5. 青贮方法

（1）建青贮窖。一般青贮窖有土窖结构青贮窖和砖灰结构青贮窖。青贮窖应修建在向阳干燥、不受人畜践踏、地势较高、土质坚实、地下水位低、易排水、距舍圈近、易操作的地方。窖的宽度小些，长度大些，以便于保存。池子的一端要有坡道口，池墙要高出地面，利于排水，用水泥抹池墙和池底缝。

（2）青贮的技术要领。

原料水分：青贮作物原料，以含水分 65%~75% 的青贮效果最好。原料的水分是决定青贮料品质最重要的因素。

对于水分高的青贮原料，可在收割后适当翻晒，但不要使其萎蔫，也可添加麦麸、干草等调整水分后再贮。原料水分不足，可适当喷水，也可加入一定量的鲜嫩多汁饲料。

原料糖分：饲料中糖的含量是选择青贮原料的重要依据之一。

适时收割的玉米植株、饲用甘蓝、菊科植物、高粱、南瓜及禾本科牧草，其干物质中糖分含量在 20% 左右，可制成优质青贮料。糖分含量低的原料，单独青贮不易成功，可与含糖分多的原料混贮，添加无机或有机酸，才能取得较好的青贮效果。

适当切碎：青贮原料切碎是为了青贮时便于压实，增加青贮密度，提高青贮窖的利用率，排除原料空隙中的空气，为乳酸菌增殖创造有利环境。也便于取用，饲喂时方便。

青贮原料切碎的长度应根据饲料质地和羊的种类来定，一般切成 2~5 cm 的长度。含水分较多，质地柔软的原料可以切长些；含水分少，质地粗硬的原料可以切短些。

排除空气，创造厌氧条件：填装青贮原料，要集中力量，尽可能快地装窖，越快越好，及时封顶，以免在原料装满封窖之前腐败。可促进厌氧发酵，使乳酸含量高，酪酸含量低，pH 值低，发酵温度低，青贮料质量好。一般应集中力量在 2~3 d 内装满封顶。

装窖时，原料要一层层装匀铺平、压实，尤其要注意将四角或周边部位压紧，以防留有空隙引起发霉腐烂。越接近上部越要压实。装完后，原料应高出窖口 40~50 cm，以备原料蒿萎下沉。装完后马上用塑料布封闭。在塑料布上铺一层软草，和一层塑料薄膜，再覆盖一层 30~50 cm 厚的湿土，最后拍实或用湿泥封严。

尽量缩短铡草和装窖的时间：铡碎的青贮原料放置半天，就会产生大量热量，既损失养分，又影响质量。因此，青贮过程中应做到快割、快铡、快装窖。

创造适宜的温度：料温在 25~35℃ 时，乳酸菌会大量繁殖，很快占据主导地位，致使其他杂菌都无法繁殖。青贮容器中温度过高（50℃），丁酸菌活跃，会导致腐败。因此，在青贮中应注意调节温度。

封窖后要经常检查；发现由于原料下沉产生的裂缝，应及时填平，严禁漏水漏气。窖的四周应挖排水沟。

6. 青贮添加剂

为了更好地保存饲料品质和提高其营养价值，减少营养成分的损失，在青贮时要加入添加剂，在使用添加剂时，必须保证它对羊无毒副作用，尤其对瘤胃微生物中的有益菌群不能有毒副作用。同时，还要考虑是否污染环境。

青贮饲料添加剂主要分为 4 类：

第一类是发酵促进剂，促进乳酸发酵。

第二类是发酵抑制剂，部分或全部抑制不良发酵。

第三类是好气性腐败菌抑制剂，防止青贮初期接触空气的青贮料发生腐败，更重要的是防止青贮饲料的二次发酵。

第四类是营养性添加剂，主要用于改善青贮料的营养价值。

（1）发酵促进剂。

微生物制剂：用乳酸杆菌培养物给青贮原料接种乳酸杆菌，增强乳酸发酵，抑制霉菌、丁酸菌和酵母菌的繁殖，提高青贮料品质。

酶制剂：主要的酶制剂是淀粉分解酶和纤维素分解酶。在实际生产中条件难以控制，成本高，很少使用。

碳水化合物：为给乳酸菌的繁殖提供能源，常在青贮作物特别是低糖分的豆科作物原料中加入一些富含碳水化合物的材料，如糖蜜或粉碎的玉米、高粱和麦类等谷物，以提高原料中糖分含量，利于乳酸发酵，提高青贮料的品质。一般糖蜜的添加量为原料重量的1%~3%，粉碎谷物的添加量为3%~4%。其中糖蜜的添加效果更佳。

（2）发酵抑制剂。

无机酸：硫酸和盐酸各半混合，每吨含干物质20%的青贮原料中加入混合液60 ml。由于无机酸对环境土壤的污染，大多已不再使用。

甲酸及甲酸盐：青贮料中添加甲酸可以减少养分在贮藏过程中的损失，提高青贮的发酵品质，有利于青贮料中蛋白质和能量的保存。甲酸用量为0.25%~0.5%，甲酸的钠盐、钙盐和铵盐已作为青贮添加剂使用，试验结果表明有改善青贮发酵质量的作用，且具有安全易行，腐蚀性低的优点。

乙酸和丙酸：用乙酸处理过的青贮料，影响动物采食量，目前基本不用。丙酸可以刺激乳酸菌的生长，减少氨氮的生产和控制青贮料的温度。还可控制青贮料的发酵，经丙酸处理过的青贮料，羊采食量增加，可消化粗蛋白质组分相应增加。丙酸的用量为饲料重的 0.3%。

甲醛：甲醛处理的青贮料具有 pH 值较高，有机酸含量低和氮的溶解性低等特点。蛋白质在瘤胃中极易降解，用甲醛处理饲料后，可以阻止或减弱瘤胃微生物对食入蛋白质的降解，能够保护蛋白质完整地通过瘤胃，免受瘤胃微生物破坏。甲醛的用量有严格的规定，以多聚甲醛形式添加时，添加量为原料的 0.1%（干物质的 0.5%），以甲醛水的形式添加时，添加量为原料的 0.4% ~ 0.8% 为宜。

碳酸氢铵：碳酸氢铵在一定程度上可抑制有害微生物生长繁殖，有利于饲料中糖分的保存，减少蛋白质损失。羊采食后瘤胃内微生物数量明显增加，蛋白氮含量提高，碳酸氢铵的用量为原料重的 0.7% 左右。

（3）好气性腐败菌抑制剂。

丙酸：丙酸作为一种微生物抑制剂，广泛用于饲料贮藏，对于抑制饲料的好气性质也是有效的。添加量为 0.3% ~ 0.5%，即可相当程度地抑制酵母菌和霉菌的增殖；添加量为 0.5% ~ 1% 时，大多数的酵母菌和霉菌都被抑制。

己酸：在青贮料中加 50 mmol/kg 的己酸，对防止启窖后的二次发酵有一定的效果。

无水氨液：添加无水氨液的原料青贮后，蛋白质含量增加，同时改善青贮料的适口性，提高消化率，无水氨液还能防止青贮料的二次发酵。添加量为原料重的 0.3% ~ 0.5%。

苯酸和苯酸钠水溶液：二者都可使青贮料中蛋白质的含量增加，特别是能使饲料中可消化蛋白质含量增加。苯酸的添加量为原料重的 0.25%，苯酸钠水溶液的添加量为原料重的 0.8% ~ 1.5%。

（4）营养性添加剂。用于改善饲料的营养价值，增加采食量。

非蛋白氮：尿素、氨和缩二脲都属此类，还包括青贮保护剂中的其他氨源物质。其中，尿素是青贮常用的营养性添加剂。在青贮料中添加尿素，能够提高非蛋白氮的含量，为微生物合成蛋白质提供氨源。添加量为原料重的 0.5%。

矿物质：为防止矿物质缺乏，在青贮时常加入一些矿物质。常用碳酸钙、石灰石、磷酸钙、硫酸镁、硫酸铜、硫酸锰、硫酸锌、氯化钴、碘化钾等矿物质。这类物质除了补充钙、磷、钾、锰等矿物质外，还可以使青贮发酵持续、酸的生成量增加。

7. 半干青贮原理

半干青贮又叫低水分青贮。将青绿饲料收割后，放置 1~2 d，使水分含量降至 45%~55% 时，再厌氧贮存。这种半干饲料对腐败菌、酪酸菌及乳酸菌均可造成生理干燥状态，使其生命活动受到抑制。因此，在青贮过程中，微生物发酵减弱，蛋白质只有较小部分被分解。虽有一些霉菌在半干原料中可繁殖，但在原料切短压实的厌氧条件下，也逐渐无法生存。

半干青贮的所有窖、缸，同青贮。贮制原料主要是多年生豆科和禾本科牧草及一年生饲料作物。豆科牧草最适期为开花初期或现蕾期。禾本科最适期在孕穗及抽穗期。收割后应使原料的水分迅速降到 45%~55%，越快越好，因为营养成分在晾晒过程中要损失一部分，时间越短损失越少。装窖前，应将原料切成 2~3 cm 长，以利于装窖压实和取用饲喂。

此外，还有真空青贮法、塑料袋青贮法等，可根据饲养羊的数量和原料确定，可大可小，灵活掌握，取用方便。

8. 青贮料的饲喂

青贮料一般经过 40~50 d，便能完成发酵过程，即可开窖使用。开窖时间应根据需要而定，一般尽可能避开高温或严寒季节。一旦开窖采用就必须连续使用，取完后应及时盖严，尽量减少与空气接触的机会，以免腐烂变质。要现取现用，不得提前取出。

青贮料具有芳香的酸味，质地柔软。开始饲喂时，有时羊不习惯采食。只要经过短期训饲，很快就能习惯。训饲的方法：可在空腹时先饲喂青贮料，最初少喂，逐渐增多，再喂其他草料；或将青贮料与精料混拌后饲喂，再喂其他料；或将少量青贮料放在食槽底部，盖一些精饲料，待习惯后，再逐渐增加饲喂量。

青贮料虽是良好饲料，但不能是唯一的饲料，应根据羊的生产性能和营养需要与精料或其他饲料合理搭配使用。若每日补饲 1 次，可在收牧时喂给，饲喂量为 1~1.5 kg/只；若每日饲喂 2 次，可在早、晚各喂 1 次，日喂量可达 2.5 kg/只。妊娠母羊后期要减少喂量，产前 15 d 停喂青贮料。

开始饲喂青贮料时，要由少到多，逐渐增加。停止饲喂时，也应由多到少逐步减少。喂量一般成年羊 1.5~2.5 kg/d，羔羊每日每只 400~600 g。青贮料不能代替羊的全部饲料，饲喂太多有轻泻作用，有时会引起腹泻，妊娠羊饲喂太多有可能引起流产。

### （六）维生素补充料及添加剂

1. 维生素补充料

羊体所需要的维生素，除由饲料中获取外，还可由消化道微生物合成，水溶性维生素及脂溶性维生素 K 都可由瘤胃微生物合成，所以对于反刍动物羊来说，维生素 A、维生素 D 和维生素 E 显得尤为重要。

（1）维生素 A。维生素 A 具有多种生理功能，体内缺乏时，机体生长缓慢，骨骼畸生，繁殖器官退化，影响视觉，造成夜盲症。

羊可以大量采食青草，虽然草中不含维生素 A，但含有丰富的胡萝卜素，羊可以从青草中获得较多的胡萝卜素，胡萝卜素在体内可以转化为维生素 A，只是转化率不很高，一般情况不会出现缺乏现象。但在舍饲或放牧较少情况下，饲料中都需添加。

（2）维生素 D。维生素 D 是类固醇衍生物，可以促进体内钙、磷的吸收、代谢，以及具有成骨作用。维生素 D 缺乏时，骨骼发育异常，羔羊出现佝偻病，成年羊出现骨质疏松症。如果羊经常接受阳光照射，多饲喂经过阳光晒干的普通饲草，就能获得充足的维生素 D，而不会出现缺乏现象。如果大量饲喂谷物和青贮饲料，就应该补充维生素 D。

（3）维生素 E。维生素 E 又叫生育酚或抗不育维生素。是一种抗氧化剂，具有多种生理功能，还具有生物催化剂的功能。维生素 E 缺乏时，母羊胚胎被吸收或流产，甚至出现胚胎死亡现象，公羊的生殖上皮和精子形成发生病理变化，使精子减少，精液品质下降。维生素 E 缺乏时还出现细胞代谢紊乱，抗病力下降，神经、肌肉组织代谢发生障碍。在实际生产中，一般都添加维生素 E，特别是种公羊和种母羊的饲料日粮中，更不能缺少。

2. 饲料添加剂

为提高饲料利用率，保证和改善饲料品质，满足羊的营养需要，促进生长、繁殖，保障健康，提高畜产品的产量和质量，而向饲料中添加少量或微量的营养性或非营养性的物质。饲料添加剂按其用途可分为营养性添加剂和非营养性添加剂。

（1）营养性添加剂。营养性饲料添加剂是用于补足天然饲料中氨基酸、微量元素、维生素及非蛋白氮等营养成分，平衡和完善畜禽日粮，满足畜禽营养需要，提高饲料利用率，提高畜产品的数量和质量，节省饲料，降低成本。非蛋白质氮类是指饲料中添加的尿素以及氨化处理时添加的氨源物质，不是蛋白质中的氮。维生素前已述及，这里只介绍氨基酸和微量元素。

氨基酸：蛋白质营养实质是氨基酸的营养。只有当日粮中各种氨基酸组成和比例与机体的需要相同时，机体才能最大限度地利用饲料蛋白质。虽然尽量根据氨基酸平衡的原则配料，但各种氨基酸的含量和比例仍不能和理想蛋白质需要相吻合，所以只有向配合饲料中添加所缺乏的氨基酸，才能矫正日粮中氨基酸不平衡现象。

微量元素：微量元素对羊具有特殊的功能，是羊体内进行正常生理代谢所必需的。日粮中有些微量元素不足，不能满足羊生长、生产的需要，因此应向日粮中添加微量元素，其添加量、添加类型应根据日粮中微量元素的含量和羊的不同生理阶段、不同生产目的、不同品种、不同环境对微量元素的需要而定。

（2）非营养性添加剂。

生长促进剂：生长促进剂主要包括抗生素、抗菌促生长剂、激素、有机酸制剂、酶制剂、微生物制剂、健肥同化类制剂，如莫能菌素、淀粉酶、硫辛酸等。其中部分抗生素、微生物制剂，除具有促进动物生长的效果外，还具有防治动物疾病的作用。

驱虫保健剂：驱虫保健剂主要作用是维持动物机体内环境的正常平衡，保证动物健康生长发育，并能预防和治疗一些寄生虫疾病。

饲料品质改良剂：饲料品质改良剂主要作用是加入饲料中，改善饲料的不良气味和适口性，增加羊采食量，保证羊的旺盛食欲，使日粮在营养组成科学化和完整化的同时，色、态、味也适应羊的需要。

饲料品质改良剂主要包括着色剂、风味剂、黏结剂等。

饲料保藏剂：饲料保藏剂的作用是在饲料贮存过程中防止饲料品质下降，保证饲料贮藏安全，同时也起到提高饲料利用率的作用。

饲料保藏剂主要包括粗饲料调制剂、抗氧化剂、防霉剂、防腐剂、青贮饲料添加剂，如丙酸、苯甲酸、乙氧基喹啉等。

中草药添加剂：中草药添加剂的作用是增加畜产品产量，改进畜产品质量，防治疾病，保障动物健康，并且还具有调整机体生理功能的作用，同时具有毒副作用小、无耐药性，不易在肉、蛋、奶等食用畜产品中产生有害残留等优点。中草药添加剂日益受到国内外畜牧兽医工作者的青睐。世界许多国家对化学合成药物类添加剂的应用作出限制、逐渐淘汰或禁用的规定，大力发展中草药添加剂有广阔的前景。

中草药制剂具有营养性和非营养性两方面作用。主要包括免疫增强剂、激素样作用剂、抗应激剂、抗微生物剂、驱虫剂、增食剂、促生增蛋剂、催肥剂、催乳剂、防治疾病剂、饲料保藏剂共计11个大类。

## 四、饲料对羊采食量的影响

### (一) 饲料的滋味

饲料的滋味包括甜、酸、鲜、辣和苦等基本味。甜味来自有机化合物，如蔗糖、某些多糖类、某些天然多肽等。甜味主要是诱导幼畜采食，增加采食量，提高日增重。酸味可以提高饲料适口性，促进幼畜采食，降低胃肠道中的 pH 值，激活消化酶，减少消化道内微生物对营养物质的竞争，提高消化吸收能力，同时还具有防腐保健的功能，辣味可以增强羊食欲，抗菌消炎，并且可以提高胃肠消化能力，也可加速血液循环，改善机体代谢，促进生长，增强抗病力。

饲料的滋味对羊的采食量有着重要的影响。在饲料加工调制过程中，根据羊的味觉特点，加入一些调味剂，从而可以改善饲料的适口性，促进采食，提高饲料利用率。

### (二) 饲料的气味

饲料的气味是由饲料中具有挥发性的化合物挥发产生的。良好的气味可以产生嗅觉刺激，引诱采食，提高采食量，促进神经反射调节，刺激唾液、胃液、胰液等消化液的分泌，使消化酶浓度提高，使胃肠蠕动次数、强度增加，从而使物理消化和化学消化方式增强，消化吸收功能增强，提高饲料利用率，一般认为饲料的气味对羊的采食量影响甚大。如半干青贮制备的饲料具有果香味，适口性好，羊采食量增加。饲料中的香味来自挥发性化合物，在调制饲料时，为改善饲料的气味，可以加入香味剂。

### (三) 饲料的颜色和形状

饲料的颜色是饲料的感观性状。良好的饲料颜色可以刺激羊食欲，增加羊的采食量，提高饲料利用率。羊对绿色比较敏感。

饲料的形状影响家畜的采食量。精饲料经粉碎后粒度太小，使羊采食量下降，青贮料切得过碎也会降低羊采食量。整粒籽实，如玉米、大豆等在压扁或破碎后可提高采食量。颗粒料的采食量高于粉料。对于较粗硬、较大的蔓藤等粗饲料，切碎或制粒，有利于采食，可以增加羊采食量。

### (四) 饲料的质地

饲料的质地也是影响羊采食的重要因素。质地较硬的精饲料，如玉米、大豆，破碎或压扁后的采食量高于整粒饲喂。饲料经青贮或半干青贮调制后，质地柔软、湿润，适口性增强，羊的采食量增加。粗硬的秸秆类粗饲料经物理处理或化学处理后，质地也变得柔软，改善了适口性，饲喂效果较好。

# 第二节 饲养与管理

科学的饲养管理是高效养羊的保障，是贯穿养羊生产始终的一项细致、繁琐和重要的日常性工作。健康和高效养羊需要按照规程进行，按照饲养标准配制日粮，保证饲料的均衡供应，改粗放式管理为精细化管理，搞好环境卫生，预防疾病的发生。通过科学的饲养管理和有效的技术手段，降低生产成本，获得最大经济效益，保障健康养殖。

## 一、青山羊的消化特点

### (一) 羊的消化器官功能特点

羊是反刍家畜，以草食为主，具有发达的消化器官、特殊的消化功能和较强的消化能力。具有 4 个胃，即：瘤胃、网胃、瓣胃和皱胃。前三室胃壁黏膜无消化腺，不分泌胃液称为前胃。皱胃胃壁黏膜有腺体，其功能与单胃动物的胃相同，又称真胃。

瘤胃容积大，约占全胃总容积的 80%，据测定，山羊的瘤胃容积为 16L 左右。羊能在短时间内采食大量的饲草，未经充分咀嚼咽下，贮藏在瘤胃内，待休息时将饲草返回到口腔细细咀嚼，混合唾液，再咽下，此过程即称反刍。贮存在瘤胃中的食团，通过瘤胃强有力而有节律的蠕动，充分搅拌、压榨、软化、揉磨，进行机械消化，最后经过瘤胃微生物的作用将饲料转化为营养物质，被机体吸收。

瘤胃内环境相对稳定，即使变动也在有利于微生物生长繁殖的范围内，使它成为自然界效率极高的厌氧发酵罐。其主要特点一是营养基质连续加入。经摄食和反刍食团再吞咽，水、饲料和唾液经常流入瘤胃，且流量比较恒定。二是饲料未降解部分、发酵终产物及废物不断移出。三是相对恒温。瘤胃内温度通常波动于 38 ~ 41℃，这是反刍动物恒温代谢调节的结果。因瘤胃发酵热的补充，使瘤胃内温度比体温高 1~2℃。在食后 2~3 h，微生物活动处于高峰，瘤胃内温度有所升高；由于水、唾液流入、食糜后送、皮肤蒸发及呼吸散热等，瘤胃内温度相对恒定。四是 pH 值比较恒定。正常情况下，瘤胃 pH 值保持在 6~7 的范围内。五是渗透压相对稳定。由于食入饲料、饮水和流入唾液的稀释，发酵终产物的吸收和流出，均调节了瘤胃内的离子浓度，所以瘤胃内的渗透压偏离等渗水平很少，接近血液的渗透压。瘤胃内环境的相对稳定，可以通过机体的神经、体液调节等途径实现。

瘤胃内的微生物种类繁多，有 200 多种，但起主要作用的是细菌和纤毛虫，据资料记载，1 g 瘤胃内容物中，含有细菌 150 亿~250 亿个，纤毛虫 60 万~180 万个。这些微生物能将饲料中粗纤维分解成碳水化合物被羊体利用，消化率高达 50%~80%。还能把质量低的植物性蛋白质和非蛋白质的含氮物质合成菌体蛋白质，菌体蛋白质含有各种必需氨基酸，比例合适，成分稳定，生物学价值高。它随食糜进入皱胃和小肠，作为蛋白质饲料被消化吸收，所以羊可以利用尿素、铵盐等非蛋白氮作为补充饲料代替部分蛋白质，节省蛋白质饲料。瘤胃微生物还可以合成多种维生素，如维生素 $B_1$、$B_2$、$B_6$、$B_7$、$B_{12}$、泛酸、尼克酸和维生素 K 等，这些维生素合成后，一部分在瘤胃中被吸收，其余在肠道中被吸收、利用，因此当幼龄羊瘤胃开始发酵后，在营养物质的供应上就不必考虑上述维生素。羊吃粗饲料反刍次数多，吃精料则反刍次数少。反刍不完全会发酵产生大量的气体而引起鼓胀。因此，在饲养管理中一定要保证羊有充分的反刍时间。哺乳期的羔羊，瘤胃微生物的区系尚未形成，还不能利用大量的粗纤维。供给含粗纤维少的干草或补充易消化的植物性饲料，则可促进瘤胃的发育，增强消化能力，提前出现反刍机制。

网胃与瘤胃的作用基本相似，除机械作用外，其内也有微生物的活动，分解消化食物。

前胃内还有一特殊的结构——食管沟，羔羊在吮吸乳汁时，能反射性地引起食管沟闭合成管，使流质性食物直接进入皱胃，而不落入前胃中。食管沟闭合程度与饮乳方式及年龄有密切关系。如果用桶喂乳时，由于缺乏吮吸刺激，食管沟闭合不完全，一部分乳汁会溢入发育不完善的瘤胃、网胃内，引起发酵而产生乳酸，造成腹泻。食管沟闭合反射随着年龄的增长而减弱。但某些化合物能引起成年动物食管沟闭合，譬如，硫酸铜溶液能引起绵羊食管沟闭合反应。在临床实践中，可利用这一特点，将药物直接输送到皱胃用于治疗。

瓣胃是一小而致密的椭圆形器官，其黏膜形成新月状的瓣叶，对食物起到机械性压榨作用。瓣胃主要对食物起过滤作用，犹如一过滤器，分出液体和消化食糜细粒，输送入皱胃；其次，进入瓣胃的水分 30%～60% 被吸收，同时也有相当数量（40%～70%）的挥发性脂肪酸、钠、磷等物质被吸收。

皱胃黏膜分泌胃液，主要是盐酸和胃蛋白酶，对食物进行化学性消化。

羊的小肠特别长，成年羊可达17~34 m，相当于体长的25~35倍。小肠是羊消化吸收的主要器官，胃内容物进入小肠后，经各种肠消化酶的化学性消化，分解的营养物质被小肠吸收，再经过血液循环系统，输送到身体各个部位，供给羊的营养需要。

大肠比小肠粗、短，长度4~13 m。其主要作用是吸收水分，在小肠内未被消化吸收的食物，在大肠微生物及从小肠随食物带入大肠的各种消化酶的作用下，继续消化吸收。残余部分形成粪便排出体外。

### （二）羊对饲料利用的特点

**1. 可以充分利用纤维素**

瘤胃内的微生物可以分解纤维素，羊可利用粗饲料作为主要的能量来源。粗纤维还可以起到促进反刍、胃肠蠕动和填充作用。羊的日粮中必须有一定比例的纤维素，否则瘤胃中会出现乳酸发酵抑制纤维、淀粉分解菌的活动，表现为食欲丧失、前胃迟缓、腹泻、生产性能下降，严重时可造成死亡，因此，饲料中离不开粗饲料。

**2. 可利用非蛋白氮合成蛋白质**

瘤胃微生物可利用饲料中的非蛋白氮合成生物蛋白质，故可在饲料中添加部分非蛋白氮如尿素、铵盐等作为补充饲料代替部分植物性蛋白。

**3. 能合成必需氨基酸和维生素**

配制饲料时一般不考虑瘤胃能合成的必需氨基酸、B族维生素和维生素K。

**4. 饲料转化率低于单胃动物**

瘤胃微生物发酵产生甲烷和氢，其所含的能量被浪费掉，微生物的生长繁殖也需要一定的能量，因此，羊的饲料转化率一般低于单胃动物。

**5. 要供给优质精饲料和鲜嫩多汁饲料**

瘤胃消化是为宿主动物提供营养物质的主要环节，充分满足瘤胃微生物最大生长繁殖的营养需要和维持瘤胃正常的内环境，是发挥羊生产能力的前提。为了满足高产羊的需要，必须供给富含蛋白质、能量的精饲料和富含胡萝卜素的鲜嫩多汁饲料。

**6. 要采取保护高品质饲料的措施**

瘤胃微生物的发酵，将一些高品质的饲料，如高蛋白饲料、脂肪酸等，分解为挥发性脂肪酸和氨，造成营养上的浪费。因此，一方面应利用大量廉价饲草饲料以保证瘤胃微生物最大生长繁殖的营养需要，另一方面，应采取一些现代饲养技术将高品质饲料保护起来，躲过瘤胃发酵而直接进入真胃和小肠消化吸收，是提高饲草、饲料利用率的有效方法。

## 二、羊的饲养技术

### （一）羊的生长发育规律

**1. 体重增长规律**

（1）哺乳期（出生～断奶）。体重占成年体重的 28% 左右，是羔羊高速生长发育的阶段，也是定向培育的关键时期，由头部到皮肤，再到心、肝、肺和肾，最后到胃。此阶段的增重顺序是内脏→骨骼→肌肉→脂肪。羊出生时重 3.1 kg 左右，到断时奶时重 9.6 kg 左右，相对增长率为 210%。

（2）幼年期（断奶～配种前期）。体重占成年体重的 70% 左右，此阶段性发育已趋于成熟，但仍是羊增重最快的阶段，日增重 180 g 左右。增重的顺序为：生殖系统→内脏→肌肉→骨骼→脂肪。

（3）青年期（12～24 月龄）。青年羊体重占成年羊体重的 85% 左右。羊的生长发育接近成熟，生殖器官已发育完善，绝对增重达到高峰，以后增重缓慢。增重的顺序是肌肉→脂肪→骨骼→生殖器官→内脏。

（4）成年期（24月龄~6岁）。此阶段的前期，体重还会缓慢地上升，48月龄后增长基本停滞，增重主要是脂肪。

2. 补偿生长发育规律

补偿生长指羊遭受长时间的营养限制后，解除营养限制，饲喂营养丰富的饲料，其生长速度要比未遭受营养限制的同龄或同体重的羊快，这种现象称为补偿生长。

在生产实践中，营养限制有两种情况：一是由于客观条件所限，如冬季草料不足及长期缺乏优质饲草而引起的营养限制；二是在条件许可的育肥场，在羔羊阶段进行限制性生长，以降低饲养成本，并在以后获得补偿生长。应注意在生命早期遭受营养限制后，则难以进行补偿生长。

济宁青山羊由于发育较快，配种较早，在妊娠后仍可以继续生长发育。

### （二）羊的饲养方式

在羊的饲养过程中，选择什么样的饲养方式应根据当地的自然条件、季节、社会环境及怎样有利于充分发挥羊的生产力来确定。一般有放牧饲养、放牧与补饲结合饲养、舍饲饲养3种饲养方式。

1. 放牧饲养

放牧饲养是利用天然草场、人工草场或茬地放牧抓膘的一种饲养方式。山羊的放牧采食能力强，适宜放牧饲养。放牧能增加运动量和较长时间接受阳光照射，有利于羊体健康。并且放牧饲养能节约开支，降低畜产品成本。我国有丰富的饲草资源，有利于放牧饲养的实施。放牧饲养的好坏主要取决于草场的优劣和放牧的方法和技术是否得当。放牧饲养要求既要满足羊的营养需要，又要合理利用草场。

（1）放牧羊群的组织。合理组织羊群是科学放牧饲养羊的重要措施之一。放牧组群应根据羊的数量、品种、性别、年龄、体质强弱和地形地貌而定。同一品种可分为种公羊群、成年母羊群、育成母羊核心群、育成公羊群和羯羊群等。羊的数量少，不能组群时，种公羊应单独组群放牧，母羊应组成繁殖母羊群和淘汰母羊群。在牧区，每年秋末冬初，应根据冬季牧场的载畜量和饲草饲料的储备和羊的营养需要，确定羊的饲养量，以草定畜。对老、病、瘦弱的羊应及时淘汰。

平原地区没有大面积的草地，一般利用田边、路旁、河堤、秋茬地及人工种植的草地，羊群不宜过大，一般30~50只为宜。育成公羊和母羊可适当增加，核心母羊群可适当减少；成年种公羊20~30只，后备公羊40~60只。繁殖母羊群在牧区和草场较大的地区，一般以250~500只为宜，在半农半牧区100~150只，山区50~100只，农区30~50只为宜。

（2）放牧方式。放牧方式是指对放牧牧场的利用方式。目前我国的放牧方式可以分为固定放牧、围栏放牧、季节轮牧和小区轮牧4种。

固定放牧：固定放牧是羊群一年四季在一个特定的区域内自由放牧采食。这是比较原始的一种放牧方式。这种方式不利于草场的合理利用与保护，载畜量低，单位草场面积提供的畜产品数量少，每个劳动力创造的价值不高。牲畜的数量与草地生产力之间需保持自然平衡，牲畜多了因缺草就会造成死亡。这种方式在现代化养羊业应该被摒弃。

围栏放牧：围栏放牧是根据地形把牧场围起来，在一个围栏内，根据牧草所提供的营养物质数量结合羊群的营养需要量，安排一定数量的羊只放牧。这种方式能够合理利用和保护草场，对固定草场使用权也有重要作用，还可以提高草场质量。

季节轮牧：季节轮牧是根据四季牧场的划分，按季节轮流放牧。这是我国牧区目前普遍采用的一种方式，能比较合理地利用草场，提高放牧效果。为防止草场退化，可定期安排休闲牧地，以利于草场恢复。

小区轮牧：小区轮牧是指在划定季节牧场的基础上，根据牧草的生长、草地生产力、羊群的营养需要和寄生虫侵袭动态等，将牧地划分为若干个小区，羊群按一定的顺序在小区内进行轮回放牧。这是较为先进的放牧方式，优点有三：一是能合理利用和保护草场，提高草场载畜量；二是羊群活动范围被限制在一定的区域内，减少了游走所消耗的热能，增重加快，与传统放牧方式相比，春、夏、秋、冬季的平均日增重分别可提高 13.42%、16.45%、52.53%、100%；三是能控制寄生虫感染。一般情况下，羊体内寄生虫卵随粪便排出需经过 6 d 发育成幼虫才能感染羊只，所以羊群只要在某一个小区放牧时间限制在 6 d 以内，就可以减少寄生虫感染的机会。

小区轮牧是在季节性牧地还是常年牧地实施，可根据养羊单位的具体条件确定，一般先粗后细，逐步完善，具体可按下述方法进行：

一是划定草场，确定载畜量。根据草场类型、面积及产草量划定草场，再结合羊的日采食量和放牧时间确定载畜量。

二是划分小区。根据放牧羊群的数量和放牧时间以及牧草的再生速度，划分每个小区的面积或轮牧一次的小区数。轮牧一次一般划定 6~8 个小区，羊群每隔 3~6 d 换一个小区。

三是确定放牧周期。全部小区放牧一次所需要的时间即为放牧周期。其计算方法是：放牧周期（天）= 每小区放牧天数×小区数。放牧周期的确定，主要取决于牧草再生速度，而牧草再生速度又受到水热条件、草原类型和土壤类型等因素的影响。在我国北部地区，不同草原类型的牧草生长期内，一般放牧周期为：干旱草原 30~40 d，湿润草原 30 d，高山草原 35~45 d，半荒漠和荒漠草原 30 d。不同放牧季节所确定的放牧周期不尽一致，应根据具体情况确定。

四是确定放牧频率。放牧频率是指在一个放牧季节内，每个小区轮牧的次数。放牧频率与放牧周期关系密切，主要取决于草原类型和牧草再生速度。在我国北方地区不同草原类型的放牧频率可参考如下：干旱草原 2~3 次，湿润草原 2~4 次，森林草原 3~5 次，高山草原 2~3 次，半荒漠和荒漠草原 1~2 次。

五是按计划依次放牧。参与小区轮牧的羊群，按计划在小区内依次轮回放牧；同时保证小区按计划依次休闲。

（3）放牧技术。在放牧技术上应立足于"抓膘、保膘"，它是羊多胎、泌乳、产肉、产毛的基础，为了抓膘、保膘，力求一个"稳"字，放牧要稳，饮水要稳，出入圈舍要稳。

在放牧管理上牧羊人应做到"三勤"（腿勤、眼勤、嘴勤）、"四看"（看地形、看草场、看水源、看天气），以求达到"走慢、吃饱、吃好"的目的。否则，不利于羊抓膘。

放牧羊群的队形与控制。放牧的基本队形常有"一条鞭"和"满天星"两种。放牧时应根据地形、草场品质、水源、季节和天气灵活应用。"一条鞭"亦称"一条线"，适用于牧地比较平坦、植被比较均匀的中等牧场。羊群放牧时，排列成"一"形横队，羊群在横队里一般有 2~3 层，不能过密，否则后面的羊就采食不到好草。牧羊人在羊群前面控制羊群前进的速度，使羊群缓慢前进，并随时命令离队的羊只归队。起初，是羊采食的高峰期，应放慢前进的速度。当羊快吃饱时，前进的速度可适当放快一点，待大部分羊吃饱后，羊群出现站立不采食或躺卧休息行为时，牧羊人在羊群左右走动，不让羊群前进，就地休息、反刍。羊群休息、反刍后，再令羊群继续放牧。"满天星"是指牧羊人将羊群控制在牧地一定范围内让羊自由散开采食，当采食一定时间后，再移动更换牧地。该队形适用于任何地形和草原类型的放牧地。

四季放牧的技术要点。放牧饲养是最廉价最经济的饲养方式，但具有明显的季节特征，充分利用各季节的特点，科学的饲养管理才能获得较理想的效果。为了减少季节变化出现的"夏壮、秋肥、冬疲、春亡"等现象，应依据当地地势、气候、草场情况，选好四季牧场，一般平原地区应以"春洼、夏岗、秋平、冬暖"的原则确定；山区按照"冬放阳坡、春放背，夏放岗头，秋放地"的原则进行选择。在放牧时，为了不使草场退化，应推广划区轮牧，即在划分四季草场的基础上，再把每一季节草场划分成几个小区，并按照一定的次序一区一区地轮牧。这样可以减少牧草浪费，有利于草地恢复，提高饲草再生量，从而提高载畜量，同时明显减少羊的游走时间和路程，有利于抓膘，还可以防止寄生虫病的传播。

春季放牧：春季天气逐渐变暖，牧草慢慢返青，是羊由补饲逐渐转入放牧的过渡时期。初春时，羊群经过一个漫长的冬季，膘情一般都很差，体质较弱，母羊正处于怀孕期或哺乳期，对营养的需求增加，并且春季气候变化较大，寒暖多变，是放牧的困难时期，易出现"春乏"现象，稍一疏忽就会加速瘦弱羊的死亡。这一时期应对羊群合理补饲，使羊群恢复体力、保膘保羔、保证羊只安全过春。因此，春季放牧手法宜紧，控制羊群，挡住强羊，看好弱羊，采用慢放，前挡后让，防止羊"跑青"，消耗体力，影响抓膘。常有"放羊打住头，放得满肚油；放羊不打头，跑成瘦马猴"的说法。春季草嫩，含水量较高，羊嘴馋贪青，易误食毒草或引起腹泻。因此，放牧时，先在枯草处放一会或出牧前喂一些干草，等羊吃上半饱后再赶入青草地上，待羊只习惯采食青草后，再充分放牧青草。牧民总结春季放牧经验是："春放低洼一条线，防止跑青人在前，青草刚生吃不饱，先干后青防毒草"。

夏季放牧：羊群经过春季放牧后，其体力逐渐得到恢复。这个时期雨水充沛，牧草生长茂盛，正值花开季节，营养价值高，是抓膘的好时机。努力抓好伏膘，促进母羊提前发情，为秋季早配种、早产羔奠定基础。但夏季气温高，多雨，湿度较大，蚊蝇较多，对羊采食和休息不利，影响抓膘，因此，夏季放牧应注意防暑、避免蚊蝇叮咬。在放牧技术上要求早出牧，晚收牧，中午天热赶到荫凉处休息，补足盐，饮好水，延长有效放牧时间。但应注意不放露水草，防止发生瘤胃臌胀等病。每次放牧时应先放已放过的草地，再放未放过的草地。起先牧羊人应把羊拦紧些，慢走使羊不乱跑，等羊只吃大半饱后再让羊向前移动快些或撒开的面大些自由采食。群众的夏季放牧经验是："夏放岗地满天星，沟塘壕沿防蚊蝇；山区上午放西坡，下午再往东坡挪；晴天顶风背太阳，早出晚归午乘凉"。

秋季放牧：秋季天高气爽，气温适宜，雨水少，牧草结籽饱满，二茬草再生，作物已收获，可抢茬放牧。牧草营养丰富，羊的食欲旺盛，是羊群抓膘配种的黄金季节。秋季放牧的主要任务是集中力量抓好秋膘，促使母羊正常发情，搞好配种，贮积营养，为安全越冬渡春创造条件。为此，应尽量延长放牧时间，初秋早晚凉爽，中午热，放牧时应早出牧，晚收牧，中午应坚持避暑。晚秋做到有霜天晚出牧，晚收牧；无霜天早出牧，晚收牧。做到羊群多采食，少走路。放牧时，前半天在草地上放牧，后半天再跑秋茬，充分利用茬地遗留下的茎叶和籽实及田间杂草，并要经常更换牧地，使羊能够吃到较多的杂草，多吃草籽，但要注意不能让羊吃玉米苗、高粱苗及蓖麻叶、花等，以免中毒。羊白天放牧，夜间补喂适量营养丰富、适口性好、利于消化的精料，可促长催膘。秋季是羊配种的季节，以9月配种为宜，来年2月产羔，这样母羊产后就能很快吃上青草，羔羊发育快。要做到抓膘配种两不误。

冬季放牧：冬季气候寒冷，地面冻结，牧草枯黄，草质差，放牧时间短，营养缺乏。这个季节母羊又正处于怀孕后期或产羔期，因此，这个时期应注重保膘、保胎，保证胎儿正常发育，羊只安全越冬。放牧时不走冤枉路，避免体力消耗，上下坡，出入圈，羊只都要缓慢而行，防止相互挤压，避免惊吓、急跑、跳沟等，以利于羊群保胎。"有露晚出牧，冰草易打羔"，要特别注意预防因吃露草或冰冻草引起母羊流产和患消化疾病。冬季放牧应避风向阳，晚出早归，由于冬季放牧营养入不敷出，必须适当补饲。遇有寒流或风雪天气，可以暂停放牧，留圈补饲，并要搞好羊舍保温，减少体热消耗，增强体质。

在四季放牧时应注意给羊饮水，经常喂盐，并搞好"三防"工作。一年四季每日必须给羊饮水。羊不愿喝过冷的水，冬季饮深井水，随打随饮，夏季如饮井水，也要先晒一晒再饮。盐不但可以补充羊对纳和氯的需要，而且还能增加羊的食欲和饮水量，促进代谢，有利于抓膘和保膘。"三防"一是防狼害，早上放牧时，要防止在羊群前面贪食的羊只被狼叼走，傍晚收牧时，小心落于羊群后面的羊只遭狼袭击，中午休息时，防备潜入沟洼处的狼伤害羊只，即"早防前，晚防后，中午要防洼沟"。二是防蛇咬。在放牧前，先用鞭或木条打草然后再放牧，以防蛇咬伤羊只。三是防毒草。毒草多生在潮湿的阴坡上，与牧草混生，大量进食毒草对羊只有致命危险。

（4）补饲定额。由于广大牧区寒冷季节较长，气候严寒，牧草枯黄、品质下降，以放牧为主的羊只全靠放牧采食不足以满足其营养需要，因此，应储备足够的饲草饲料用于补饲。补饲定额和时间因各地条件不同而异。在同一地区，根据羊的营养需要，一般种公羊和妊娠母羊后期应多补饲一些。在寒冷枯草期，根据羊群放牧采食状况，适时开始补饲。补饲量从少到多，直至翌年牧草返青、放牧，能够满足营养需要时为止。

2. 舍饲饲养

舍饲饲养是广大农区提倡采用的一种饲养方式。农区没有大面积的草地，但是，饲草饲料资源特别丰富。采用喂给羊刈割青草、树叶树枝、秸秆或农副产品，同时补喂一些精料，每天将羊放到运动场上运动的饲养方式。舍饲饲养不受大自然过多的干扰，可以对羊进行精心的饲养管理，并且舍饲饲养有利于对不同生理阶段的羊进行分群饲养管理，有利于进行定向培育和加强核心群的饲养管理，有利于育肥期的饲养管理，提高育肥效果，有利于农区发展规模饲养，按照饲养标准科学搭配饲料，科学管理，提高饲料报酬，保证羊的生长发育。但是舍饲饲养投资较大，必须有完善的羊舍和设备。而且舍饲的羊只运动量少，食欲差，采食量少，对饲养管理技术要求高。

3. 放牧与补饲结合饲养

它是放牧与舍饲相结合的一种饲养方式，在农区与半农半牧区，有一定的放牧草场，但以农田为主，多采用这种方式。夏秋季节青草茂盛，外出放牧，晚间可割草或以农副产品补饲。若牧草质量好，全靠放牧可以满足羊只本身的营养需要，获得体壮膘满。入冬以后到早春这个阶段，牧草枯黄，营养低，昼短夜长，放牧采食时间短，不能满足羊只营养需要，并且这个时期正是母羊怀孕后期和哺乳期，也是羊育肥后期，正是需要营养的时候，不给补饲，不但影响母羊产奶、羔羊的出生重，并且产弱羔多，羔羊成活率低，育肥羊达不到育肥效果。因此冬春季节应实行半放牧、半舍饲，以舍饲为主的饲养方式，放牧归来，应补给优质的青干草、青贮饲料、胡萝卜，根据羊的生理特点，补给不同量的配合精饲料等。

（三）各类羊的饲养方法

1. 种公羊的饲养管理

种公羊对提高羊群的生产力起着重要的作用，其质量的好坏直接影响整个羊群的繁殖力和后代的生产性能。在营养上需要较高的水平，使种公羊全年保持均衡的体况，维持中上等膘情（膘情良好而不肥），保持健壮、活泼、精力充沛的体质，旺盛的性欲和良好的精液品质，以便更好地完成配种任务，充分发挥其种用价值。

种公羊的日粮应因地制宜力求多样化，营养价值要高而完全，应有足够的热能，充足的蛋白质、维生素 A、维生素 E 及无机盐等，且易消化，适口性好。理想的饲料，粗饲料有苜蓿干草、三叶草干草、花生蔓和青燕麦草等；精料有玉米、豆粕、麸皮、燕麦、大麦、豌豆、黑豆、高粱等；多汁饲料有胡萝卜、甜菜和青贮玉米等。

种公羊的饲养可分为配种期饲养和非配种期饲养。配种期饲养又可分为配种预备期（配种前 1~1.5 个月）及配种期饲养。配种预备期应增加精料量，按配种期喂给量的 60%~70% 补给，并逐渐增加到配种期的饲养标准，使配种期前的体重比配种旺季增加 10%~20%。

种公羊每生成 1 ml 精液，所需要的营养约相当于可消化粗蛋白质 50 g，因此每天必须增加精料，日粮中应有足够而质优的蛋白质才能使公羊性欲旺盛，保持精子的密度和活力，提高母羊的受精率。同时日粮应全面且易于消化、适口性好。比如当维生素 A 不足时，公羊性欲差，精液品质不佳；维生素 E 缺乏时，生殖上皮和精子形成会受到影响，并可引起病理性变化。为此，配种期的日粮配合应大致为：混合精料 1.2~1.4 kg，苜蓿干草或野干草 2.0 kg，多汁饲料 0.5~1.0 kg，鸡蛋 1~4 个或牛奶 0.5~1.0 kg，食盐 15 g，骨粉 10 g，全部粗料和精料每日可分 2~3 次喂给。精料的喂给量应根据种公羊的体重、精液品质和体况酌情增减。饮水 3~4 次，有条件的每日放牧运动 6 h。同时应定期检查公羊的精液品质，以决定调整饲料和每只公羊的利用次数。非配种期的饲养是配种期的基础，在冬季和早春，一只体重为 80~90 kg 的种公羊，每日约需要代谢能 22.5 MJ，150 g 左右的可消化蛋白质。因此除每日进行放牧饲养外，还应补给足够的热能，适当的蛋白质、维生素和矿物质等。冬春季节一般每日补充混合精料 0.5~0.6 kg，干草 2~3 kg，胡萝卜或青贮料 0.5 kg，食盐 5~10 g，骨粉 5 g；夏季补饲精料 0.4~0.5 kg。每日饲喂 3~4 次，饮水 2~3 次。

种公羊以放牧和舍饲相结合为主，配种期以舍饲为主，放牧为辅，注意加强运动，促进新陈代谢，增强体质，舍饲饲养的种公羊，每天坚持自由运动或驱赶运动 2 h，同时控制配种或采精次数，每日利用不能超过 2 次，每周控制在 8~10 次，以保证种公羊能产生品质优良的精液。配种后 1~1.5 个月是复壮期，这个时期精料的喂给量不减，同时增加放牧时间，经过一段时间后，再适量减少精料，逐渐过渡到非配种期饲养，使其迅速恢复体况。

对种公羊的管理应由工作认真并有经验的工作人员担任。温和待羊，恩威并施，驯治为主，坚持运动，每天刷拭，及时修蹄、定期防疫、预防接种和驱虫。配种期的公羊应远离母羊舍，单独饲养，以减少发情母羊和公羊之间的相互干扰，并注意经常观察公羊食欲的好坏，防止打架角斗和相互爬跨。

对小公羊应坚持按摩睾丸，促进其生长发育。对小睾丸、短阴茎、附睾不明显的个体要予以淘汰。

种公羊圈舍应选择通风、干燥、向阳的地方。每只公羊约需 2 m²，并要有宽敞的运动场所。

2. 繁殖母羊的饲养管理

母羊担负着配种、妊娠、哺乳等繁殖任务，对其饲养的好坏直接影响母羊的生产性能及羔羊的生长发育、成活率等。因此，对繁殖母羊要求常年保持良好的饲养管理条件，以求实现多胎、多产、多活、多壮的目的。根据繁殖母羊的生理状态，可分为空怀期、妊娠期和哺乳期 3 个阶段。

（1）空怀期的饲养管理。

羔羊断奶期至配种受胎这个阶段为母羊空怀期，产冬羔的母羊，一般 5—7 月为空怀期；产春羔的母羊，一般 8—10 月为空怀期。经过 2 个多月的泌乳，母羊一般比较瘦，这个阶段的母羊，主要是恢复体况。这期间牧草繁茂，营养丰富，要保证母羊吃到大量优质的青绿饲料，把母羊放到最好的牧地上放牧，抓膘、复壮，为配种、妊娠储备足够的营养。对个别体况不佳的羊，应给予短期优饲，使羊群膘情一致、发情整齐、产羔集中、多产顺产。只有抓好了空怀母羊的膘情，才能全配满怀，达到全生全壮的目的。高营养水平可促进排卵、发情整齐，提高受胎率。一般经过两个多月的抓膘可使羊体增重 10~15 kg。据测定，配种前母羊体重增加 1 kg，产羔率可望增加 2.1%，而且发情整齐，产羔集中。断奶后体况良好的母羊，一般只要加强放牧或舍饲给予优质干草，不再给精料即可保持体膘，否则会造成母羊过肥，影响母羊发情配种。

（2）妊娠期的饲养管理。

母羊妊娠期中全价饲养对提高母羊繁殖力和生产力起着重要作用。母羊妊娠期平均为 5 个月，前 3 个月为妊娠前期，后 2 个月为妊娠后期。

妊娠前期胎儿很小，生长发育较慢，所需要营养并不比空怀期多，但对饲料品质要求高，营养需全面，以保证各种组织器官的正常生长发育。秋季配种后牧草处于青草期或已结籽，营养丰富，不需要补喂饲料即可满足需要；若配种季节较晚，牧草已枯黄，应补喂优质青干草，适当加喂青贮和块根块茎饲料，对体质较差的母羊，每天还要补喂少量混合精料。不能喂霜冻草和霉烂饲料，不饮冰碴水，防止羊受惊猛跑。

妊娠后期胎儿生长发育很快，增重迅速，这一时期胎儿增重量约占到出生体重的 90%。热能代谢比不妊娠母羊高 15% ~ 20%。每日可沉积蛋白质 20 g、钙 3.8 g、磷 1.5 g。因此，这一阶段需要全价的营养和足量的营养物质。若这一阶段母羊营养不足，会造成羔羊出生重小，弱羔多，成活率低，羊分娩后乳汁不足，营养严重缺乏，还会造成流产。并且这个时期胎儿占据腹腔一定的容积，母羊的采食量受到限制，因此在日粮组成中应增加优质干草和精料的比例，精料的比例可占到日粮的 25% 左右。妊娠后期若放牧饲养，必须补饲，一般每天补喂优质青干草 1 kg、青贮饲料 0.75 kg、精料 0.5 kg，精料中蛋白质水平应达到 15% ~ 18%。舍饲饲养每天除供给足够的优质青干草外，还要供给青贮饲料 1 kg、胡萝卜 0.5 kg、精料 0.6 kg。产前 10 d 减少精料的饲喂量，产前 3 d 停喂多汁饲料和精料。同时应加强管理，适当运动，放牧时不要过于疲劳，舍饲母羊要经常晒太阳，防止缺乏维生素 D，造成胎儿缺钙。防拥挤、防惊吓、防打架，以防羊流产。饮水时应饮用清洁卫生水，早晨空腹不饮冷水，忌饮冰冻水；不吃发霉变质、冰冻的饲料，以防流产。

（3）哺乳期的饲养管理。

母羊产后即开始哺育羔羊。哺乳期多为 4 个月，依据羔羊依赖母乳的情况，将哺乳期分为哺乳前期和哺乳后期。

哺乳前期即羔羊出生后的前 2 个月，母乳是羔羊的重要营养物质，尤其是出生后的 20 d 内，几乎是羔羊唯一的营养物质，羔羊每增加 1 kg 体重约需母乳 5 kg，为满足羔羊生长的需要，必须增强母羊的饲养水平，保证母羊的全价饲养，提高泌乳量。所以要选择较好的放牧地，使其能吃到丰富的青绿多汁饲料，增加乳汁的分泌，并根据母羊膘情及其所带羔羊的多少给予不同的补饲标准。精料要比妊娠后期略有增加，饮水要充足。一般除给予优质干草自由采食外，每日补饲混合精料 0.5~0.8 kg，多汁饲料 1 kg。

母羊泌乳一般在产后 30~40 d 达到高峰，50~60 d 开始出现下降，随着母羊泌乳量的减少，羔羊瘤胃微生物区系逐渐形成，利用饲料的能力日渐增强。到 9 周龄以后，羔羊已从母乳为主的营养阶段过渡到以饲料为主的阶段，这时母羊进入哺乳后期。

哺乳后期是指羔羊 3~4 月龄时，羔羊以采食粉碎的混合精料为主，哺乳为辅，母羊泌乳能力下降，羔羊对母乳的依赖度减少。因此，哺乳后期的母羊应以放牧采食为主，可不再补饲精料，只补给些青草即可。如果哺乳后期正值青草期，可完全放牧吃青。保证供给充足的饮水，保持圈舍清洁干燥。产后胎衣、羊水、毛团等污物及被其污染的场地要进行清理和消毒，以防母羊或羔羊误吞，也能有效地控制疾病的传播。

产羔后的 1~3 d 内，如果母羊膘情良好，可只喂优质干草，少喂精料、多汁饲料和青贮料，防止消化不良或发生乳房炎。

断奶前 3 d 停喂精料和多汁饲料。断奶后母羊泌乳量仍较多的，应每日挤奶 1 次，坚持 5~7 d。

3. 育成羊的饲养管理

育成羊是指羔羊断乳后到第一次配种的羊，多在 5~18 月龄。

育成羊是补充羊群的后备队，可塑性大，饲养是否合理，直接影响到羊体生长发育的好坏和羊群生产性能的高低。如果饲养不良，可造成过肥、过瘦或生长发育受阻，会影响其一生的生产性能，出现腿短、躯体狭窄、大肚等不良体型，体质变弱，剪毛量低，成熟期推迟，不能按时配种，严重者失去种用价值。加强培育，可以增强体质，增大体格，促进器官发育，对将来提高生产性能有重要作用。

育成羊培育的关键是：喂给优质富含营养的饲草、饲料，给予充足的运动。喂给大量优质的饲草、饲料，可促进羊体消化器官的发育，增强体质，使羊的体格增大。充足的运动可使羊胸部宽广、心肺发达，体质强壮，食欲旺盛，采食量增多。发达的消化器官和心肺是羊将来高产的基础。

育成羊理想的饲养方式是：放牧与舍饲相结合。夏季和秋季，以放牧为主，补饲为辅；冬季以补饲为主，放牧为辅。一般每只羊每天补饲混合精料 0.2~0.4 kg，其可消化粗蛋白质的含量不应低于 15%~16%，精料中能量水平应占总日粮能量的 70% 左右。同时注意矿物质和食盐的补给。育成羊常用的混合精料配方为：玉米 50%，麸皮 22%，豆粕 17%，菜籽粕 6%，尿素 1.5%，骨粉 2%，食盐 1%，无机盐混合剂 0.5%。根据育成公母羊对培育条件要求和反应的差别，精料的喂给量可做适当调整。

4. 羔羊的饲养管理

羔羊的饲养管理是指从出生到断奶这一阶段的饲养与管理，一般为 2~4 个月。羔羊新陈代谢旺盛，生长发育较快，饲养的好坏会直接影响羔羊这一阶段的生长发育、成年时的体型结构和生产性能。同时，羔羊对外界环境的适应性差，容易感染疾病甚至死亡。因此，这一阶段一定要加强羔羊的饲养管理工作，提高羔羊成活率，并使其获得良好的体型结构。为此，在羔羊的饲养管理过程中应掌握3个关键：①加强哺乳母羊的补饲，以获得充足的乳汁。②及时做好羔羊的补饲，以促进瘤胃的发育。③精心护理好母仔，防止意外情况发生。

母羊产后5 d内的乳汁称为初乳，它含有丰富的蛋白质（含量高达17%~23%），脂肪（含量达9%~16%；乳脂率达5.13%，约是常乳的2倍），矿物质（约比常乳高1倍）和维生素（维生素A为常乳的10倍，维生素D为常乳的100倍），尤其是含有镁离子（具有轻泄作用，有利于胎粪的排出）和多种抗体（能杀死多种病菌，抑制病原菌的活动，抵抗疾病的发生，增强羔羊体质）。因此羔羊出生后应尽量早吃、多吃初乳。对出生孤羊，应找保姆羊寄养，也应尽快吃到初乳。吃得越早、越多，则羔羊增重越快、体质越强、发病越少、成活率越高。

母羊和羔羊须共同生活7 d左右，母仔群实行舍饲，这样有利于出生羔羊吮吸初乳和建立母子感情。

羔羊一般从10日龄开始喂给青干草，将幼嫩青干草捆成把吊于空中，让小羊自由采食；从20日龄后开始训练吃料，在羔羊专用的饲槽里放上用开水烫过的料或将粉碎的精料炒一下，引导小羊去吃，反复数次即可，注意烫料的温度不可过高，应与奶温相同，以免烫伤羊嘴。由此来刺激羔羊消化器官的发育，促进心和肺功能健全。但此阶段羔羊生长发育快，所需营养多，又不能大量采食草料，所以其食物基本上是以母乳为主，辅以少量的草料。

从60日龄后要逐渐转变为以采食为主，除哺乳、放牧采食外，可补给一定量的草料。饲料要多样化，最好有玉米、豆粕（饼）、麦麸等三种以上的混合饲料和优质干草以及苜蓿、青割大豆等优质饲料。日粮中可消化蛋白质以16%～30%为佳，可消化总养分以74%为宜。注意个体发育情况，随时进行调整，以促使羔羊正常发育。胡萝卜切碎与精料混喂羔羊最爱吃，饲喂甜菜每天不超过50g，否则会引起拉稀，继发胃肠病。补饲羔羊用专用颗粒料效果最好。羊舍内设水槽和盐槽。水槽内不要断水，每天更换水一次，让羔羊自由饮用清洁卫生水，保证其有充足的饮水。也可在精料中混入2.0%的食盐和2.5%～3.0%的矿物质饲喂。饲喂要定时、定量、保持清洁卫生。

羔羊出生后要严格执行消毒隔离制度。羔羊时期发病最多的是"三炎一痢"，即肺炎、肠胃炎、脐带炎和羔羊痢疾。羔羊出生后的第一周内最容易发生羔羊痢疾，圈舍要定期消毒，经常观察羔羊表现，发现异常应及时采取措施；羔羊出生时要认真做好脐带消毒，勤换产房垫草。用具也要定期消毒，严重的病羔要隔离治疗。

羊舍是母仔羊休息和过夜的场所，要求圈舍宽敞，保持干燥、清洁、温暖、阳光充足、通风良好。若圈舍狭小、母仔拥挤、阴暗潮湿、通风不良等，常会引起痢疾、肺炎、眼炎等疾病的发生。冬季舍温至少应保持在10℃以上，舍温在10℃以下根据情况应注意保暖。若母仔羊安闲地卧在一起，说明舍温适宜；羔羊卧在母羊身上或挤在一起，说明舍温偏低；母仔羊离得很远或分散卧地，说明舍温高。羊舍地面上最好放羊床，离地面10～15cm，羔羊在羊床上休息，粪便定期清扫，保持干燥卫生，减少疾病发生。

羔羊断奶一般不超过4月龄。羔羊断奶后，有利于母羊恢复体况，准备配种，也能锻炼羔羊独立生活的能力。羔羊断奶后按性别、等级进行组群，单独饲养。

为了缩短母羊产羔间隔期和控制繁殖周期，达到一年两胎或两年三胎，大多采用早期断奶的方法，这也是羊多胎高产的一项重要技术措施。一般45~50日龄时即可断奶。根据产后泌乳规律，产后3~4周达到泌乳高峰期，以后逐渐下降，9~12周下降最快。这时，母乳仅能满足其羔羊营养需要的5%~10%。母乳远不能满足羔羊生长发育的需要，而且，这时母羊形成乳汁的饲料消耗也大大增加，很不合算。从羔羊生后采食情况来看，生后7周龄时，已能像成年羊一样有效地利用饲料，只要做到早期补饲，断奶后一般不会影响羔羊的生长，这时离开母羊进行断奶比较合适。羔羊断奶的方法多采用一次性断奶法，即将母、仔分开后不再合群。把母羊移走，羔羊留在原羊舍饲养，尽量给羔羊保持原来的环境，喂给优质干草和青绿饲料或在优良的牧场上放牧，同时补给品质优良的混合饲料或颗粒饲料。此时的羔羊还应给予适当的运动。断奶的羔羊在转群或出售前要全部驱虫。

5. 肉羊的育肥

凡安排育肥的羊，在断奶期间公母羊要驱虫，公羊还要去势。秋后再驱虫一次。驱虫药有硝氯酚、硫双二氯酚、丙硫咪唑、伊维菌素等。这些药按每千克体重分别为4 mg、35~75 mg，2.5~3.0 mg，0.2 mg口服。育肥方法有放牧、舍饲和混合3种。

一是放牧育肥。它是利用天然草场、人工草场和秋茬地放牧、抓膘的一种育肥方式。生产成本低，在安排得当时能获得理想的经济效益，是我国农区和牧区采用的传统育肥方式。羊只来源：一是大羊，包括淘汰的公母种羊，两年未孕不准备繁殖的空怀母羊和有乳房炎的羊等；二是羔羊，主要是断奶后非后备公羊和淘汰的后备母羊。成年羊放牧育肥时，日采食量可达7~8 kg，平均日增重100~200 g。放牧育肥羊要按年龄和性别分群，必要时按膘情调整。育肥期一般因群而异，为2~3个月，一般羯羊群可在夏场结束育肥；淘汰母羊群在秋场结束育肥；中下等膘情羊只和当年羔羊应在放牧育肥结束前后适当补饲抓膘达到上市体重后结束。应注意放牧育肥羊不要在春场和夏场初期结束育肥。

二是舍饲育肥。它是按饲养标准配制日粮,并以较短的育肥期和适当的投入获得羊肉的一种育肥方式,适合于饲草饲料资源丰富的农区。与放牧育肥相比,在相同年龄屠宰的羔羊,活重高出10%,胴体重高出20%,故舍饲育肥效果好,育肥期短,能提前上市,但投资规模大,技术水平要求较高。育肥羊来源:一是羔羊,包括各个生长期的羔羊,是舍饲羊的主体。羔羊具有生长发育快、饲料报酬高的特点,饲养成本低,经济效益高,适合现代高效养殖生产要求。羔羊育肥即在羔羊断奶后,在舍饲条件下,满足优质的青绿饲草,每天每只羔羊补以 300~800 g 的玉米、豆饼、麦麸为主的混合饲料,经两个月左右体重达 40 kg 以上时出栏。羔羊育肥分育肥前期、育肥中期和育肥后期 3 个阶段,若育肥期共 50 d,则前期 10 d,中期和后期各 20 d。育肥前期管理的重点是观察羔羊对育肥管理是否习惯,有无病态羊,羔羊的采食是否正常,预防羔羊过食或突然采食较多精料引起肠毒血症、尿结石等。根据采食情况调整补饲标准、饲料配方等。育肥中期加大补饲,增加蛋白质饲料的比例,注重饲料中营养的平衡和质量。育肥后期加大补饲量的同时,增加饲料的能量,适当减少蛋白质的比例,以增加肉羊肥度,提高羊肉的品质。建议饲料配方:玉米 75 kg,豆粕(饼)15~20 kg,苜蓿草粉和尿素等蛋白质的平衡剂 8.5~3.5 kg,食盐、矿物质元素 1.5 kg。每只羊每天饲喂量为 0.35~0.8 kg。在整个育肥期,要做到定时、定量、定人,一般 1 d 精料饲喂 2 次,10:00 1 次,18:00 1 次,粗料要少喂勤添,1 d 至少喂 8 次。二是大羊,主要来自放牧育肥羊群,一般是认定能尽快达到上市体重的羊。目的是改善大羊羊肉的品质,提高羊肉的产量和经济效益,在上市前进行短期育肥。育肥周期一般以 60~80 d 为宜,底膘好的可以 40 d。也分为育肥前期、育肥中期、育肥后期 3 个时期。育肥饲料配制及要求与羔羊育肥基本相同。建议饲料配方:整粒玉米 83%,豆粕

（饼）（或花生饼）15%，骨粉（贝壳粉）1.4%，食盐0.5%，维生素和微重元素0.1%，若无豆饼和花生饼可用10%的鱼粉代替，同时将整粒玉米的比例调整到88%。

舍饲育肥应充分利用农作物秸秆、干草及农副产品，其精料可以占到日粮的45%~60%。经过一个育肥期的饲养，育肥羊平均日增重可达165 g，屠宰率达45%以上，羔羊可增重10~15 kg。

三是混合育肥。它是指放牧与舍饲相结合的一种育肥方式，即在放牧的基础上，同时补饲一些精饲料或进入枯草期后转入舍饲育肥，育肥期一般在追肥30~40 d即可上市。这种方式既能充分利用牧草的旺盛季节，又可取得一定的育肥效果，是我国广大地区普遍采用的一种肉羊育肥方式。育肥羊的来源：一是羔羊，通常指当年羔羊放牧育肥后，入冬前估计达不到屠宰体重的羊；二是大羊，指牧草生长季节较好时决定要淘汰的成年羊。放牧羊是否转入舍饲育肥，主要根据其膘情和屠宰重及放牧条件而定。实践证明，根据牧草生长状况和羊只采食情况，采取分批舍饲与上市的方式，效果较好。

## 三、羊的一般管理技术

科学的管理是发展养羊生产和提高经济效益的重要手段。它不但可以合理地组织羊生产，同时还可以发挥不同生长阶段、不同性别、年龄羊的最佳生产性能，有利于育种工作，并减少羊的损伤，提高养羊生产效益。

### （一）羊群的结构

羊群的结构应以繁殖母羊为基础，适当配置其他性别、年龄和其他用途的羊，使其有利于组织再生产，降低成本和增加畜产品。羊群一般由繁殖母羊（按存栏数计，应占60%以上）、种公羊、育成母羊、育成公羊、羔羊、去势羊和淘汰羊等组成。

它们之间的关系如图3-1所示。

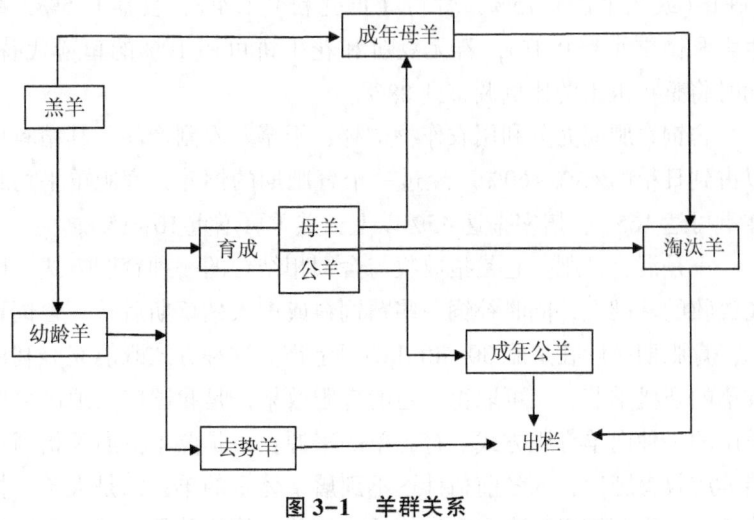

**图 3-1　羊群关系**

（二）编号

编号是育种工作中重要的环节之一，有了编号才能做各种育种记载，进行合理的选种选配，便于科学的管理。羔羊出生后 2～3 d，结合出生鉴定，即可进行个体编号。编号的方法有多种，如耳标法、剪耳法和刺墨法等，目前采用最多的是耳标法。耳标是用铝或塑料制成，有圆形和长方形两种。铝制耳标是用特制的钢字打上号数；塑料耳标是用特制的笔写上，不会褪色，现在多用塑料耳标。耳标号的编法：前两个号码是羊的出生年份，后边的为羊个体号，如耳标号为 02-68 即表示该羊 2002 年出生，个体号为 68 号。公羊用单数，母羊用双数，每年从 1 号和 2 号编起。若是杂种羊，耳标上还应标上代数，一代耳标号前加 $F_1$、二代加 $F_2$ 等。也可这样表示：如中国美利奴羊与新疆细毛羊杂交一代羊可用米$_{x1}$表示。戴耳标时，用专用的耳标钳，扣上耳标用力压紧即可。

电子耳标：电子耳标（RFID）内置电子芯片和天线，加装于牲畜耳部，用于证明牲畜身份，承载牲畜个体信息的标志物。耳标由主标和辅标两部分组成，主标由主标耳标面、耳标颈、耳标头组成，主标耳标面的背面与耳标颈相连，使用时耳标头穿透牲畜耳部、嵌入辅标以固定耳标，耳标颈留在穿孔内。我国开始在部分地区尝试应用电子耳标（RFID），由于 RFID 具有非接触、远距离自动识别移动物体的特性，一些自动化计量、测量、定量系统在畜牧业中得以推广使用。

### （三）羔羊去势与断尾

1. 凡不宜留作种用的公羔或公羊均应及时去势

去势既能防止劣质公羊的杂交乱配，又便于管理和提高羊的生产性能。去势后的羊称为羯羊。羯羊性情温顺，生长快，容易育肥且节省草料，其肉质鲜嫩，膻味减少。去势的时间一般在羔羊出生后 2~3 周龄为宜，过早去势因羔羊抵抗力差，容易得病，并且睾丸过小，去势也比较困难。去势过晚，失血过多，或出现早配，都不利于生产。常用的去势方法有：

（1）结扎法。这种方法简单易操作、安全可靠。在公羔 1 周龄时，将睾丸挤在阴囊里，用橡皮筋或细绳在阴囊上部即精索部位紧紧缠结，断绝血液流通，半月后阴囊及睾丸即自动萎缩脱落。

（2）刀切法。用锋利的小刀切开阴囊，摘除睾丸。该法常需两人配合，一人保定好羊只使羊半蹲半仰，腹部外露出睾丸，另一人用肥皂水洗去阴囊周围泥垢，再用 5% 的碘酒消毒阴囊外部，左手紧握阴囊上部，防止阴囊滑回腹腔，右手用消毒过的小刀在阴囊下方切开一口，开口大小以能挤出睾丸为宜，接着将睾丸连同精索一起挤出撕断，然后给切口涂上碘酒消毒，最后洒上消炎粉，防止发炎。用同样的方法切除另一个睾丸。羔羊术后不宜放牧，不能卧在潮湿的地方，以防感染。

2. 断尾

断尾的目的是保持羊毛的清洁，预防因拂尾沾污后躯及体侧的被毛，防止蝇蛆寄生，便于配种。需断尾的羊主要是长瘦尾羊、高代杂种羊。肥尾羊不断尾，去势羊也有不断尾的。

断尾的适宜时间应选在晴天的早晨与羔羊去势一同进行，体弱羔羊应当推迟。断尾常用的方法有：

（1）烙断法。即用烧灼的烙铲和两块钉有薄铁皮的木板断尾。断尾时首先保定好羔羊，用一块断尾板挡住羔羊的肛门阴部或睾丸，另一块断尾板垫在羊尾下面，然后用烧红的断尾铲在第3～4尾椎间（约距尾椎三指处）慢慢用力压切，直至切断尾巴。切断尾巴后，若仍出血，可用烧热的烙铲烫一烫，止住血，再用碘酒消毒。

（2）结扎法。用弹性好的橡皮筋圈套在第3～4尾椎之间，紧紧扎住，断绝血液流通，下端的尾巴经10 d左右便自行脱落。该法简单易行，使用的较多。

### （四）修蹄、去角

羊的蹄壳长得很快，如果不及时修整，会引起蹄子的变形，而行走困难、运动不足，影响放牧和采食，造成营养不良；也因蹄形异常，影响爬跨和配种，严重者可造成四肢疾患。可见及时修蹄，在羊的饲养管理过程中十分重要。

一般要求每季度修整一次。修蹄时宜在雨后或在修蹄前在潮湿的地面上活动数小时后，当蹄质变软时进行。修整时先用果树剪将生长过长的蹄尖剪掉，然后用修蹄刀将蹄底边缘修整到和蹄底一样平齐，形状方圆。不可修剪过度，防止出血和行走不便。对于变形蹄应多次修整，逐步矫正蹄形，千万不能一次修剪过度，造成损伤。

去角可以防止羊争斗时致伤，防止造成生产损失，给管理带来很多不便。去角时间一般在出生后5～10 d内进行。去角时一般需2人，一人保定羔羊，固定羔羊头不能摇动，一人进行去角操作。首先用剪刀把角基部的毛剪掉，在其周围涂上凡士林，保护皮肤和眼睛。然后取棒状苛性钠1支，一端用纸包好，另一端蘸上点水，在剪过毛的角基部稍加压力，由内向外，由小到大，反复摩擦，两个角基部交替进行，擦到微微出血时为止。摩擦面要大于角基部，若摩擦面过小或位置不正，以后还会长出片状小角。去角后要擦净磨面上的药水和污染物，涂上止血消炎粉。摩擦后的羔羊应单独管理，半天内不让其接近母羊，以免烧伤母羊乳房，待伤面干燥后放回羊群，一般10 d左右痂皮脱落即愈。

### （五）刷拭

刷拭可使羊体清洁，促进新陈代谢和皮肤健康，有利于人、畜接近，便于管理。刷拭时可用鬃刷，按照毛丛方向，由上到下，由左到右，由前到后的顺序进行。除去毛皮上的泥土和粪便，保证被毛光洁顺畅。

### （六）药浴

药浴是预防和治疗羊体外寄生虫病，特别是羊疥癣病的有效措施，一般在剪毛后10 d左右进行。药浴常用的试剂有0.05%的辛硫磷乳油水溶液，其配制方法是，100 kg水加50 g辛硫磷乳油。水温25~30℃，洗羊1~2 min。每50 g乳油可药浴14只羊，第一次洗过后1周，再洗1次即可。也可用石硫合剂，该配方是生石灰7.5 kg，硫磺粉末12.5 kg，用水拌成糊状，再加水150 kg，煮沸，边煮边用木棒搅拌，煮至浓茶色为止。弃去下面沉渣，留下上清液作母液，在母液内兑入500 kg温水即为药浴液。该药浴液成本低，来源广，很有实用价值。药浴的方法有池浴、盆浴和淋浴3种。池浴是让羊慢慢走过浴池，浸湿全身，该法适用于养殖规模较大的羊场或养殖户。盆浴是用人工让羊在盆内或铁锅内进行药浴，该法适合于养羊量少，羊群不大的养羊户使用。淋浴是在特设的淋浴场内进行，该法容量大，速度快，效率高且安全。

药浴应选择暖和无风的天气进行，药浴前8 h停喂停牧，前2~3 h给羊充足饮水；药浴液应保持在30℃左右；药浴时要先浴健康的羊，后浴病羊；有外伤的羊暂不药浴；药浴后要休息1~2 h再放牧，但如遇风雨应及时赶回羊舍；工作人员要戴好橡皮手套和口罩，防止药液浸蚀手臂和中毒；药浴结束后，药液不能随意倾倒，以防牲畜误食中毒和污染环境；如有牧羊犬，也应一并药浴。

### （七）驱虫与预防接种

"羊瘦为病"。冬春两季的羊群，抵抗力明显降低，每年的3—5月是寄生虫感染的高发期。所以，在有寄生虫感染的地区，每年应在春、秋季节进行两次预防性驱虫。常用的驱虫药物有左旋咪唑、丙硫咪唑、敌百虫、伊维菌素等。驱虫后1~3 d内，要把羊群安置在指定羊舍和放牧地放牧，防止寄生虫及虫卵污染干净放牧地，对羊的粪便作发酵处理，以杀灭寄生虫卵。

春、秋季是羊各种疾病多发和流行的高峰季节。因此，春、秋季节要作好各项预防工作，如检疫、预防接种等。清除饲料残渣、残草和粪尿，保持羊舍干净清洁。定期用2%火碱溶液或3%石炭酸或2%福尔马林液消毒。

# 第四章 济宁青山羊选种技术

优良的种质是养殖成功的一半，因此养羊场应高度重视羊的种质选择。任何一种生物繁衍的后代，与其亲本在形态、结构和性能上都有其相似性，但又存在差异，如不进行选育，会影响其优良性能的遗传。保障羊群优良种质的方法，一是引入优良品种，二是通过对山羊的综合性能进行选种，即用具有高生产性能和优良育种品质的个体来补充羊群，再结合对不良个体的严格淘汰，以达到不断改善和提高羊群整体品质的目的。

## 第一节 引种及引种应注意的问题

所谓引种是指从国内其他优良济宁青山羊羊场引入优良品种，以改良本地青山羊使其更加纯化或进一步提高其生产性能的方式。优良品种的引入是关系到羊场经营成败的重要环节，一定要充分考察论证后再做决定。

### 一、引种的目的及效果分析

引种的目的就是利用所引品种的优秀生产基因与本地品种的优秀基因相互结合而培育出优良商品代羊，也就是利用杂交优势的原理提高经济效益。但所引品种并不一定都能和欲改良品种产生特定的杂交优势，这也就决定了我们是否可以将拟引品种引入。所以，在引进品种之前要进行多种杂交组合试验，以试验结果能否达到或接近期望值来确定是否引入或引入的数量及规模。

## 二、引种的规模

在开始引进羊只时，应先进行小规模引进，引入后进行引种试验，根据试验结果确定是否继续扩大引种规模。

## 三、引进羊的适应性

引进羊在其原场生产过程中适应了原场的生态环境，特别是自然地理与气候条件。所以在引进某个羊只时，要了解拟引进羊原产地的自然条件和饲养管理条件，并分析原产地和当地的条件差异程度，若引进羊的原产地与当地条件基本相似，则引种成功的可能性就大；反之，成功的可能性就小。

## 四、引种应注意的问题

### （一）引种的时间

春、夏季不主张运输羊只。春季羊只的膘情较差，对外界不良应激的抵御能力非常差，此时运输容易引起羊只的疾病发生。夏季羊只虽然有所复壮，但天气炎热，易引起羊只中暑等不良反应。正如在小尾寒羊调拨过程中的一句谚语"3月至9月千里不运羊，运羊必伤亡"。引羊的最佳时间是在秋季，此时气候温和，饲料充足，羊只膘肥体壮，耐受性好，伤亡较少。

### （二）运羊工具的选择

运羊最好用汽车。因为用汽车比用其他运输工具省时、省力、省钱，且便于应付运输过程中的突发事件。

### （三）注意事项

选好种羊后，在运输之前要做检疫，并对所拟引种羊进行免疫处理。

在起运前应备足饲料和饮水设备。备料时首先应计算行程天数，一般山羊每只每日需干草 5~6 kg。要配备羊只的饮水设备，同时需要备一定的水，以解在运输过程中出现找水困难之急。

在运输过程中，要掌握"先慢后快常停车"的原则。开始时，每 1 h 左右就要检查羊只是否趴卧，趴下的羊只若不及时拉起，很快就会因被踩踏而受伤，更有甚者会窒息死亡，特别是上、下山时站立不稳，易被挤倒，应常检查。途中一般人歇车不歇，以尽量缩短运输时间，但需要时常停下来加水、加料。在路上要常查羊的只数，以防丢失。

汽车到达目的地后的及时护理，是减少羊只死亡的重要措施。首先，刚引来的羊 10 d 内不能放牧而要舍饲，"日行百步，三日病，七日重，半月亡"，这是对新引入羊进行放牧产生危害的恰当描述；其次，在开始的 1 周左右应以优质的干草为主，让羊自由采食，以半饱或多半饱为宜，忌喂食过多精料；再次，刚运到的羊只不可暴饮，且饮水中要加入少量食盐及抗生素；最后，羊只刚引进后，要隔离饲喂 1 个月左右，若无病方可混入羊群进行混饲、混养。

# 第二节 羊的选种技术

## 一、选种的意义

选种是羊只改良和育种过程中，为繁殖下一代而进行的选优淘劣工作。其目的是选出优秀的公、母羊只的个体，重新安排遗传素材，以不断提高群体中优良遗传基因出现的频率，降低和消除劣质基因频率，从而达到羊群质量的不断改良。任何一品种或群体，都时常处于不同程度的选择之中。只要一个羊品种或群体要存在和发展，就必须对种羊进行选择，养羊业要进行高效生产，选种是最基本的工作。合理的选种，加之选配技术能使养羊生产事半功倍。在羊的本品种选育、新品种培育及进行羊的杂种优势利用过程中，各世代仅需要选择少数几只优秀种公羊，即可迅速提高品种质量，加快新品种的育成速度或提高杂种优势率。

## 二、种羊的选种技术

### （一）羊的选种方法

选种时，一般要求种羊的生产性能突出，外形好，发育正常，同时还要求它繁殖性能好，合乎品种标准，种用价值高。种用价值高是对选种羊的根本要求，也是最重要的要求，因为种羊的主要价值不在于它本身能生产多少产品，而在于它能生产多少品质优良的后代羔羊。在选种过程中，要特别重视对种公羊的选择，因为"母好好一窝，公好好一坡"，一只公羊能配很多只母羊，对后代的影响很大。当然，对母羊也要选优去劣。无论是对公羊选择还是对母羊选择既要依据羊只本身的表型评定结果，又要依据其遗传型的评价结果。羊的常用选种方法很多，在个体出生前的选择只能利用其祖先等亲属的资料；当个体出生后有了本身的记录时，则以个体为主，再结合亲属的资料进行选择；当个体有了后代时，其后代的性能记录就成了最重要的信息来源，必要时再结合个体本身和亲属的资料，使之更为准确。常用的选择方法主要有：个体选择、系谱选择、后裔测验、同胞选择、综合选择指数法及最佳线性无偏预测选择（BLUP 育种值估计法）。

### 1. 个体选择

羊只个体表型值的高低是通过个体品质鉴定和生产性能测定的结果来衡量的。表型选择就是在这一基础上进行的。因此，首先要掌握个体品质鉴定的方法和生产性能测定的方法。此法标准明确，简便易行，尤其在育种工作的初期，当缺少育种记载和后代品质资料时是选择羊只的基本依据。个体表型选择是我国绵羊、山羊育种工作中应用最广泛的一种选择方法。表型选择的效果，则取决于表型与基因的相关程度，以及被选性状遗传力的高低。

羊个体品质鉴定的内容和项目，随品种生产方向不同而有不同的侧重。其基本原则是以影响品种代表性产品的重要经济性状为主要依据进行鉴定。具体地说，细毛羊、半细毛羊以毛、肉性状为主，羔裘皮羊以羔裘皮品质为主。同时，鉴定时按各自的品种鉴定分级标准组织实施。对于济宁青山羊来讲，一要注重其羔皮品质，二要考虑其繁殖性能，三要看其肉用性能。

鉴定的时间和年龄的确定，是以代表品种主要产品的性状已充分表现，而有可能给予正确、客观的评定结果为准。济宁青山羊的羔皮品种是在羔羊出生后 2 d 内进行的；肉用山羊鉴定时间一般分两次进行，即初生鉴定和成年鉴定，出生鉴定在出生后 3 d 内进行，成年鉴定在 1.5 岁进行，一般在春季。

鉴定方式。根据育种工作的需要可分为个体鉴定和等级鉴定两种。两者都是根据鉴定项目逐头进行的，只是等级鉴定不作个体记录，依鉴定结果综合评定等级，作出等级标记分别归入特级和一级、二级、三级和四级，而个体鉴定要进行个体记录，并可根据育种工作需要增减某些项目，作为选择种羊的依据之一。个体鉴定的羊只包括公羊、特级和一级母羊及其所生育成羊，以及后裔测验的母羊及其羔羊，因为这些羊只是羊群中的优秀个体，羊群质量的提高必须以这些羊只为基础。

个体表型选择。除按个体品质鉴定和生产性能测定结果进行外，随着羊群质量的提高及育种工作的深入，为了选择出更优秀的个体，提高表型选择的效果，可考虑采用育种值。育种值是根据被选个体某一性状的表型值与同群羊同一性状在同一时期的平均表型值，和被选性状的遗传力值进行估算的。其公式是：

$$\hat{A}_x = (P_x - P)h^2 + P$$

式中：$\hat{A}_x$——被选个体 x 性状的估计育种值；

$P_x$——被选个体 x 性状的表型值；

$P$——同群羊群 x 性状的平均表型值；

$h^2$——x 性状的遗传力。

由此可见，个体表型值超过群体表型值越多，以及被选性状的遗传力越高，则个体估计育种值越高。育种值越高，则所引羊只的优异性在生产中越易表现出来。育种值同样可以比较不同环境或同一环境中种羊之间的个体差别。

2. 系谱选择

系谱选择实质是以族（系）为基础的基因选择，是根据公羊的祖先成绩来判断遗传品质的优劣。因为它是用祖先的记录资料，故在公羊未出生之前就可得出结论。生产实践中，是根据公羊本身成绩并结合祖先成绩来进行选择的。如果祖先是优良的，本身与亲代、祖代又有共同的特点，便可证明其遗传性稳定，这样的个体从来源考虑是可留作种用的。在考查系谱的时候，最好查到三代祖先，特别应注意亲代的品质。

凡在系谱中，母亲的生产成绩超过畜群平均数、父亲又经后裔测定为优的认为较好。

当个体本身还没有表型值资料时，则可用系谱中祖先资料来估计被选个体的育种值，从而进行早期选择。其公式为：

$$\hat{A}x = \left[ (P_F + P_M)/2 - P \right]h^2 + P$$

式中：$\hat{A}x$——个体性状的估计育种值；

$P_F$——个体父亲 x 性状的表型值；

$P_M$——个体母亲 x 性状的表型值；

$P$——与父母同期羊群 x 性状的平均表型值；

$h^2$——x 性状的遗传力。

根据系谱选择，主要考虑影响最大的亲代祖先，即父母代的影响，随血缘关系越远，对子代影响越小。因此，在养羊业实际中，一般对祖父母代以上的祖先资料不再考虑。

3. 后裔测验

后裔测验也叫后裔选择，就是以后裔为基础的选择，它是在一致条件下，对多个亲本的后裔进行比较测验，然后按后裔的平均成绩，来确定对亲本的选留和淘汰。这是最直接、最可靠的选种方法，因为选种的目的就是获得优良后代，如果被选种羊的后代好，就说明该羊的种用价值高，说明选择正确。但后裔测定手续复杂、时间长、经济耗费高，因为要等到种羊有了后代，并且生长到后代的品质充分表现能够作出正确评定的时候，所以只限于用在有育种任务的羊场，以及准备大量用于人工授精的种公羊的选择上。

后裔测定应遵循的基本原则是：

①被测验的公羊需经体型选择、系谱选择以及同胞选择后，认为最优秀的并准备以后大量使用的公羊，年龄在 1.5~2 岁。

②与配母羊品质优良，年龄在 2~4 岁。

③每只被测公羊的后代数在周岁鉴定时不少于 30 只，且在饲养管理过程中所处环境应尽量一致，以排除环境差异而造成的影响。

在养羊业中常用的后裔测验法有两种：

（1）母女对比法。有母女同年龄成绩对比和母女同期成绩对比两种。母女同年龄对比，存在着饲养管理水平的差异，特别是环境的变化大，会影响结果。应利用年度修正系数加以校正。修正方法是将环境条件不好的年份作为 100%，用最好条件年份的生产值除以不好条件年份的生产值，其商即为校正系数。计算生产值时，以条件不好的年份的实际生产值乘以校正系数即为条件不好年份的生产值，以此值作为比较对象。母女同期成绩对比时虽无年度差异，饲养管理条件相同，但需校正年龄差异。在进行母女对比时，又有两种指标：

①母女直接对比：母女直接对比是以母女同一性状的（D—M）进行比较，差值越大，说明该被检测公羊的生产性能越高，

可留作种用。

②母女同龄对比法：此法常用的公式是：

$$D = (F+M) / 2$$

$$F = 2D-M$$

式中：$F$——公羊指数（被测公羊的育种值）；

$D$——女儿羊的平均表型值；

$M$——母亲的平均表型值。

所以，公羊指数等于女儿羊性状值与母女同性状值差之和，此值越大，说明该公羊后代平均值超过母代之值越大，公羊的种用价值就越高。

（2）同期同龄后代对比法。此法是用大量的同期同龄后代进行比较。所以，必须在同一年度内有较多育成公羊进行后裔测验，并应将各后裔测验公羊的全部女儿羊均匀地分配到羊群中去，每群都要有较多的同龄母羊，且各群的环境条件应力求一致，取材时也应尽量减少人为误差。由于公羊女儿羊数不等，直接采用算术平均值进行比较，难免出现偏差，为此，在这一比较中以采用某公羊女儿羊数（$n_1$）和被测各公羊女儿羊总数（$n_2$）加权平均后的有效女儿羊数（$w$）计算被测公羊的相对育种值来评定其优劣，相对育种值的公式是：

$$w = n_1 \times (n_2-n_1) / [n_1 + (n_2-n_1)]$$

$$A\hat{}x = (D_w + x) \times 100/x$$

式中：$A\hat{}x$——相对育种值；

$D_w$——某公羊某性状平均表型值（$x_1$）与被测全部公羊女儿羊同性状平均表型值（$x$）之差（$x_1-x$）；

$x$——各公羊女儿羊某性状的总平均表型值。

相对育种值（$A\hat{}x$）越大，公羊越好，一般以100%为界，超过100%的为初步合格的公羊，超过100%越大越好。如表4-1所示。

表 4-1　后裔测验公羊的相对育种值

| 公羊号 | 女儿羊数 ($n_1$) | 平均 ($x_1$) | 差数 ($x_1-x$) | 有效女儿羊数 ($w$) | 加权差数 ($w$) | $A\hat{}x$ |
|---|---|---|---|---|---|---|
| 剪毛量（群体平均 $x=4.56$ kg　$n_2=111$） | | | | | | |
| 9-718 | 29 | 4.64 | +0.08 | 22.99 | +1.84 | 140.35 |
| 9-12 | 17 | 4.44 | -0.12 | 14.74 | -1.77 | 61.38 |
| 9-13 | 21 | 4.83 | +0.27 | 17.66 | +4.77 | 204.61 |
| 9-25 | 23 | 4.46 | -0.10 | 19.05 | -1.91 | 58.11 |
| 9-36 | 21 | 4.39 | -0.17 | 17.66 | -3.00 | 34.21 |

其中，$W=n_1\times n_2/(n_1+n_2)$

$D_W=W\times(x_1-x)$

相对育种值 $A\hat{}x=(D_W+x)\times100\%/x$

其他如毛长与体重的计算在此不再赘述，计算方法同上。

从表 4-1 可看出，相对育种值最高的是 9-13 号公羊。由此对被测公羊的优劣会有一个更明确的概念。

在养羊业中，对公羊进行后裔测验较为广泛，但也不能忽略了母羊对后代的影响。根据后代品质评定母羊的方法，是当母羊与不同的公羊进行交配，都能产生优良羔羊，就可以认为该母羊遗传素质优良；若与不同的公羊交配，连续两次都产生劣质羔羊，该母羊就应由育种群转到一般生产群中去。母羊的多胎性是一个很有价值的经济性状，当其他条件相同时，应优先选择多胎母羊留种。

后裔测验适用的范围：

①遗传力低的性状，如羊的繁殖率，根据表型选择准确性差。

②限性性状的测定，如产奶量、产羔数等只限于母羊，公羊本身没有表型值。

③在活体身上难以测量的表型值，如胴体品质等。

④用于人工授精的公羊，对后代影响大，选种的微小错误就会造成较大损失。为使选种更加准确，即使费时、费事也要进行后裔测验。

### 4. 同胞选择

羊的同胞选择常常是根据同父异母半同胞的表型值资料来进行选择。这一方法在养羊业上更有特殊意义。第一，由于人工授精繁殖技术在养羊业中的广泛应用，同期所生的半同胞羊只数量大，资料容易获得，又由于所生后代所处环境条件一致，所以结果也较准确；第二，可以进行早期选择，在被选个体无后代时即可进行。根据半同胞资料估计个体育种值的公式是：

$$\hat{A}x = (P_{HS} + P) \, h^2_{HS} + P$$

$$h^2_{HS} = 0.25 \times Kh^2 / [1 + (K-1) \times 0.25h^2]$$

式中：$\hat{A}x$——个体 $x$ 性状估计育种值；

$P_{HS}$——个体半同胞 $x$ 性状平均表型值；

$P$——与个体同期羊群 $x$ 性状的平均表型值；

$h^2_{HS}$——半同胞均值遗传力；

$K$——半同胞只数；

$h^2$——$x$ 性状的遗传力。

羔羊、裘皮羊主要依据半同胞的毛皮品质，凭经验来进行选择。肉用羊品种的屠体品质用同胞或半同胞的屠体品质来进行选择。

### 5. 综合选择指数

在羊选种的时候要考虑许多性状，哪些是主要性状，哪些是次级性状，在育种工作中由于时间的不同，所选的主要性状也就不同。现代数量遗传学证实，许多性状中有正相关，也有负相关，但关键是遗传上存在负相关。所以许多学者制定了一些可供应用的综合选择指数公式。在生产上直接套用就可以了。

### 6. 最佳线性无偏预测选择（BLUP 法）

传统的育种值估计法主要是选择指数法，它是通过对不同来源的信息（个体本身的及各种亲属的）进行适当的加权而合并为一个指数，并将它作为育种值的估计值。这个方法一个基本假设是，不存在影响观察值的系统环境效应，或者这些效应是已知的，从而可以对观察值进行校正。但遗憾的是这个基本假设在几乎所用的情况下都是不成立的，通常的做法是将个体的表型值减去与其同群同期的所有其他个体的平均数，从而达到对系统环境效应进行校正的目的，但这样做有一个重要的缺陷，那就是如果在不同群体或不同世代之间存在着遗传上的差异，则这种差异也被随之校正掉了，因而所得到的估计育种值不再是无偏估计值，选择指数的理想性也就不再成立。

为了克服上述缺陷，美国学者 Henderson 提出了 BLUP 法，即最佳线性无偏预测（Best Liner Unbiased Prediction）。目前它已成为世界各国（尤其是发达国家）家畜遗传评定的规范方法。利用BLUP 法时，首先要根据资料的性质建立适当的动物模型。所谓动物模型是指将动物个体本身的加性遗传效应（即育种值）作为随机效应放在模型中。由于篇幅所限，具体使用方法在这里就不再赘述。

### （二）羊的选种要求

羔皮羊、裘皮羊的选择要求：羔皮与裘皮的划分界限主要是根据屠宰时的年龄划分。从流产或产后 1~3 d 的羔羊剥取的皮称为羔皮，在制衣过程中，由于光泽和花纹较好，一般应用时毛面向外。生后 1 个月以上的羊剥取的皮称为裘皮，一般是毛面向内应用。羔皮羊和裘皮羊的选种主要是依据羔皮和裘皮品质进行。

1. 羔皮羊的选种要求

羔皮面积和重量：被选个体要求羔皮面积大，皮板轻薄。

被毛颜色：被毛颜色应符合各品种的特征。济宁青山羊所产青猾子皮的颜色是由黑色、白色毛混生而形成青色。由于黑毛和白毛的比例不同，可分为正青色、铁青色和粉青色。被毛多成银光和丝光，其中比较细的被毛光泽较好，粗糙的被毛光泽欠佳。

毛卷及花案：不同品种的毛卷和花案有不同的要求，同一品种不同类型的毛卷结构、形状、大小、光泽、丝性以及经济价值也不一样。青猾子皮的被毛有较细的粗毛纤维组成。根据毛细短紧密程度和弯曲弧度的大小，按照毛的卷曲情况和排列形成的图案，可分为波浪花、流水花、片花和隐暗花四种，但以前三种居多，波浪花形最美观。

皮张大小：青猾子皮的平均皮长为 39.1 cm，平均皮宽 29.5 cm；羔皮平均面积为 1 153.5 cm$^2$，颈部皮厚为 0.63（0.58～0.81）mm，背部皮厚 0.58（0.45～0.75）mm，尻部皮厚 0.51（0.43～0.65）mm，鞣制后，颈部平均厚度为 0.55（0.45～0.73）mm，背部平均厚度 0.53（0.42～0.69）mm，尻部平均厚度 0.49（0.41～0.62）mm；生干皮平均重为 75（45～105）g，经鞣制后平均重为 65（40～95）g；制成的皮大衣筒重 850 g，制成的妇女皮大衣的重量 1 200 g 左右。青猾子皮的毛长平均为（2.2±0.3）cm，细度平均为 44.4～55.5 μm，毛的密度平均为每平方厘米皮肤面积 1 056.3 根。

青猾子皮的商业分级。

加工要求：宰剥适当，形状完整，全头全腿，按标准钉成梯形晾干。

等级规格：

一等品：毛密度适中，毛长约 1.33 cm，毛色呈正青色或略深浅；花纹清晰，波浪花纹占全皮面积的 50% 以上，色泽光润，板质良好，皮面积约为 1 134.1 cm$^2$。

二等品：与一等品相比，毛色较深或较浅；毛略长或略粗，花纹隐暗，皮面积约为 1 070.3 cm$^2$。

三等品：毛色铁青色或粉青色，毛略粗直而空，毛略长或略短而有花纹。

不符合等内品要求的或毛过粗、过长，杂色皮为等外品。

2. 肉羊的选种要求

肉羊生产是向社会提供优质羊肉产品，肉羊选种要求如下。

增重快：一般讲，优良肉羊要求 1～45 日龄，平均日增重 150～200 g；45～75 日龄平均日增重 100～150 g；76～120 日龄平均日增重 60~100 g。

胴体品质好：优良肉用羊要求屠宰率高，肉质好，优质肉占胴体比例高。同时在性成熟时间、产羔率、泌乳性能、母性等方面，要符合济宁青山羊品种要求。

另外，肉用羊要求体质结实，结构匀称，中躯紧凑，外形丰满，头轻小而短，颈粗短，肩宽广，皮薄骨细，四肢粗短且相距较短，整个外形方而宽，呈桶状。

## 三、影响选择性状遗传进展的因素

羊群通过有目的地选择，使选择性状不断获得改良和提高。在一个世代里所获改良效果的大小受下列因素影响。

### （一）性状遗传力的高低

遗传力高，通过个体表型选择就可以获得提高，遗传进展就快。但表型值受环境因素的影响较大，为了提高选择效果，应当通过系谱选择和后裔选择。

### （二）选择差的大小

选择差是指留种群某一性状的平均表现值与全群同一性状平均表现值之差。在性状遗传力水平相同情况下，选择差越大，后代提高的幅度就越大。在养羊实践中，应尽可能增加淘汰数量，降低留种比例，加大选择差，以加速选择的遗传进展。

### （三）世代间隔的长短

世代间隔是指从上代到下代所经历的时间。家畜的世代间隔计算公式为：

$$L_0 = P + \frac{(t-1)}{2}C$$

式中：$L_0$——世代间隔；

$P$ ——初产年龄；

$t$ ——产羔次数；

$C$ ——产羔间距。

世代间隔越长，遗传进展越慢。因此，在羊的改良和育种工作中，应尽可能地缩短世代间隔。缩短世代间隔的主要办法有：①公母羊应在不影响生长发育的情况下尽可能早地进行繁殖；②缩短利用年限，淘汰老龄羊。公母羊利用年限越长，世代间隔就越长；③缩短产羔间距，绵、山羊通常情况下一年一产。对全年发情的品种，在有条件的情况下可实行二年三产或一年二产的办法，以缩短绵、山羊产羔间距。

# 四、羊的实用鉴定技术

羊的鉴定是养羊育种和品种改良工作中的一个重要环节，是选种和选配工作的重要依据之一。

## （一）羊的年龄鉴定

羊的年龄鉴定常以系谱记录进行，但在没有系谱档案记录的情况下是按门齿的磨损程度及更换状况来判断羊的年龄。

### 1. 乳齿

羔羊的乳齿共20枚。乳齿的特征是：短、小、白、嫩。羔羊一般出生时就有一对门齿；生后1周左右长出第二对门齿；2~3周长出第三对门齿；3~4周长出第四对门齿。也就是说，羔羊出生1个月后，门齿就长齐了。随着年龄的增加，牙齿逐渐更换为恒齿。

### 2. 恒齿

恒齿又称为永久齿，共32枚。

1~1.5岁：第一对乳齿更换为恒齿，俗称"对牙"。

1.5~2岁：第二对乳齿更换为恒齿，俗称"四个牙"。

2.25~2.75岁：第三对乳齿更换为恒齿，俗称"六牙"。

3~3.75岁：第四对乳齿更换为恒齿，俗称"齐口"或"满口"。

4 岁以上的羊，据门齿磨损程度来识别年龄。

5 岁：牙齿出现磨损，叫"老满口"。

6~7 岁：牙齿松动或脱落，叫"破口"。

8 岁以上：牙床上只剩点状牙齿，叫"老口"。

### （二）鉴定方法和技术

鉴定开始时，要先看羊只整体是否匀称，外形有无严重缺陷，被毛有无花斑或杂色毛，行动是否正常，待接近羊只时，再看公羊是否单睾、隐睾，母羊的乳房是否正常等，以确定该羊有无进行个体鉴定的价值。为了便于现场记录和资料统计，每个鉴定项目以其汉语拼音第一个字母作为记载符号，对有关项目附以"+""-"表示多少、强弱。

# 第三节  种羊的选配技术

## 一、选配的意义及作用

所谓选配，就是在选种的基础上，根据母羊的特征，选择恰当的公羊与之配种，以期获得理想的后代。选配是选种工作的继续，在绵、山羊改良育种工作中，此两种技术相互联系，彼此促进，缺一不可。

选配的作用在于巩固选种结果。选配的作用主要是使亲代的固有优良性状稳定地传给下一代；把父母代的优良品质集中在子代身上，缺陷性状给予削弱或消除；能创造必要的变异，为培育新的理想型创造条件。

## 二、选配的类型

羊的选配方法主要有品质选配和亲缘选配。品质选配又称为表型选配，可分为同质选配和异质选配。

### (一) 亲缘选配

亲缘选配是指具有一定血缘关系的公、母羊之间的交配，根据血缘关系的远近，可将亲缘选配分为近交和远交。前者指父母双方到共同祖先的总代数不超过 6 代的个体之间进行交配，后者指父母双方到共同祖先的总代数超过 6 代的个体之间相互交配。

就选配本质而言，如果长期内单纯要求表型上的同质，而不考虑其亲缘关系，即不考虑遗传物质的同质性，这只能在育种初期阶段应用。到自己有了经后裔测验等选择方法选择出的优秀种公羊后，就应考虑公、母之间的亲缘关系，把品质选配与亲缘选配结合起来，使优良性状固定下来，提高羊群的同质性。

1. 近亲选配

（1）近亲选配即近交，又称为亲交。所生子女的近交系数大于 0.78% 的交配模式就为近交。利用近交，可在育种中达到以下的目的：①固定优良性状，保持优良个体的血统；②揭露有害基因；③提高羊群的同质性。

（2）近交系数的计算和应用。近交系数是代表与配公、母羊之间存在的亲缘关系在子代中造成相同等位基因的机会，是表示纯合基因来自共同祖先的大致百分数。其计算公式为：

$$F_x = \sum \left[ \left(\frac{1}{2}\right)^n \cdot (1 + F_A) \right]$$

式中：$F_x$——个体 x 的近交系数；

n——通过共同祖先把个体 x 的父亲和母亲连接起来的通经链上所有的个体数；

$F_A$——共同祖先的近交系数，计算方法同 $F_x$，如果共同祖先不是近交个体，则近交系数的公式为：

$$F_x = \sum \left(\frac{1}{2}\right)^n$$

2. 远亲交配

远亲交配即远交，也叫非亲交。所生子女的近交系数小于0.78%的交配模式就为远交。

在养羊实践过程中，亲缘选配特别是近交的作用非常大，但在生产实际中，一定要科学地应用，因为近交常伴有羊只本身生活力下降的趋势，另外对羊只的繁殖力、生长发育、生产性能多会产生影响，甚至产生畸形怪胎，而导致品种或群体的退化。所以在养羊生产实践中应用亲缘选配时应注意以下几个问题：

（1）选配双方要进行严格选择，必须体质结实，健康状况良好，生产性能高，没有缺陷的公、母羊才能进行亲缘选配。

（2）要为选配双方及选配后代提供较好的饲养管理条件，即应给予较其他羊群更丰富的营养条件和优越的环境条件。

（3）对所生后代必须进行仔细鉴定，选留那些体质结实，体格健壮，符合育种要求的个体继续做种用，凡体质纤弱，生活力、繁殖力、生产性能下降以及发育不良甚至有缺陷的个体要进行严格淘汰，绝不能够留做种用。

在应用近交时，不可使血缘关系太近的公、母羊进行交配。否则会造成产生没有肛门、瞎、呆、弱、小等的后代，在养羊业生产过程中应避免4代（包括4代）以内的近亲繁殖。

为了便于使用，现将一些常见的亲缘关系列于表4-2。

表4-2 不同亲缘关系与近交系数

| 近交程度 | 近交类型 | 近交系数（%） |
|---|---|---|
| 嫡亲 | 亲子 | 25.0 |
| | 全同胞 | 25.0 |
| | 半同胞 | 12.5 |
| | 祖孙 | 12.5 |
| | 叔侄 | 12.5 |

（续表）

| 近交程度 | 近交类型 | 近交系数（%） |
|---|---|---|
| 近亲 | 堂兄妹 | 6.25 |
| | 半叔侄 | 6.25 |
| | 曾祖孙 | 6.25 |
| | 半堂兄妹 | 3.125 |
| | 半堂祖孙 | 3.125 |
| 中亲 | 半堂叔侄 | 1.562 |
| | 半堂曾祖孙 | 1.562 |
| 远亲 | 远堂兄妹 | 0.781 |
| | 其他 | 0.781 |

## （二）品质选配

### 1. 同质选配

是指具有同样优良性状和特点的公、母羊之间的交配，以使相同特点能够在后代身上得以巩固和继续提高。凡选配双方越相似，则越有可能将共同的优秀品质遗传给后代，并得以保持和巩固，在羊群中增加具有这种优良性状的个体。总体上，同质选配的原则是"以优配优"。在实际中，为了保持种羊有价值的性状，增加群体中纯合基因型频率，往往采用此法。

### 2. 异质选配

是指选择在主要性状上不同的公羊、母羊进行交配，目的在于使公母羊所具备的不同优良性状在后代身上得以结合，创造一个新的类型；或者是用公羊的优点纠正或克服与配母羊的缺点或不足。异质选配的原则就是"公优于母"。例如，有些高产母羊只在某一些性状上表现不好，即可挑选一只在这个性状上特别优异的公羊与之交配，给后代加入一些优良的基因。异质选配的主要作用，是综合双亲的优良性状，丰实后代的遗传基础，创造新的类型，并提高后代的适应性和生活力。

按照选配的性质，虽然可分为同质选配和异质选配，但要指出，在养羊实践中同质选配和异质选配是相对的。一般在培育新品种初期阶段多采用异质选配，综合或者集中亲本的优良性状；当获得理想型后，多采用亲缘的同质选配，进入横交固定阶段，以固定优良性状，纯合基因型，稳定遗传性。

### 三、选配应遵循的原则

一是在进行选配时，要有明确的选配目的。

二是为母羊选配的公羊，在综合品质和等级方面必须优于母羊。

三是为具有某些方面缺点和不足的母羊选配公羊时，必须选择在这方面有突出优点的公羊与之配种，决不可用具有相反缺点的公羊与之配种，坚决反对"弥补选配"。

四是采用亲缘选配时应当特别谨慎，切忌滥用，不能任意近交。

五是及时总结选配效果，如果效果好，可按原方案再次进行选配。否则，应修正原选配方案，重新设计，另换公羊进行选配，所以对选配产生的后代要及时、准确地进行品质鉴定。

搞好品质选配是非常重要的，因为它既能巩固优秀公羊的良好品质，还能改善品质欠佳的母羊品质。所以在养羊生产实践过程中，应广泛地进行羊的品质选配。

## 第四节　羊的纯种繁育技术

济宁青山羊由于生长较慢，主产区已有不少进行了杂交，致使其纯度下降，亟须提纯复壮，扩大纯种核心群，以期增加品种羊只数量，提高品种质量。

## 一、品系繁育法

品系是在同一品种内具有共同特点、彼此有亲缘关系的个体所组成的遗传性稳定的群体。

品系繁育是充分利用卓越公羊及其优秀后代，建立高产和遗传性稳定的羊群的繁育方法。通过品系繁育，丰富品种的遗传结构，有意识地控制品种内部的差异，以此来促进整个品种的发展。品系繁育过程主要有以下几个步骤。

### （一）系祖建系

这种方法的特点是品种或品系中选择出卓越的个体（一般是种公羊）为系祖，通过中亲交配的近交形式，使其后代与这一优秀个体保持较高程度的亲缘关系，并保持或积累其系祖的优秀品质，使群体具有共同祖先的优良特性。显然，该法是当人们发现并通过后裔测定已证明某公畜确系出类拔萃者时才使用它。系祖建系法具有易于固定一个个体或几个个体的优良特性，便于保持血缘，以及灵活机动、不拘一格等优点。该法的缺点是：系祖不易得到，难以选配到同质的优秀母畜和选到可靠的系祖继承者，尤其是系祖的血统和特性在群体中随着世代的推移易于被冲淡，后代一般难以接近更无法超过系祖。另外，有时还可能造成近交退化，品系不易保持。

### （二）近交建系

近交建系是在选择了足够数量的公、母羊后，根据育种目标进行不同性状和不同个体间的交配组合，然后进行高度近交，以使更多的基因位点迅速达到纯合，通过选择和淘汰建立品系。

建立基础群。群体数量够大，母羊越多越好，公羊不宜过多且相互要有亲缘关系。基础群个体要经过严格选择，母羊最好来自经生产性能测定的同一家系，公羊最好经过后裔测定证明是优秀的个体，同时经过测交证明它未带有有害基因。

近交系的建立一般采用全同胞或亲子交配的方法。由于此两种方法均存在衰退的风险，故将基础群分成一些小群，分别建立近交支系，然后综合最优秀的支系建立近交系。

需注意的问题：

（1）在实际应用近交时，既要考虑亲本个体品质的优秀程度和纯合程度，也要注意配偶羊间的关系。个体品质较好的，血统来源较混杂的，采用的近交程度可以较高。开始应用时可以较高，以后通过分析上一代的近交效果来商定下一代的选配方式。如果选择效果较好，则应对优秀后代进一步进行较高程度的近交，以迅速巩固其优良品质。如果出现衰退现象，则应暂停近交。

（2）在建立近交系的过程中，要注意选种，密切注意是否有优良性状组合。最初四五代不加任何选择，任其分离，待分化出明显不同的纯合子时，再按育种目标选择。在任其分离时，可能需要扩群，如不能扩群，可采用随机选留。

### （三）专门化品系的培育

1. 群体继代选育法

（1）明确建系目标。根据育种目标和实际条件，确定采用几系配套杂交生产商品代，确定培育多少个专门化品系，确定父系和母系。将重要经济性状分配到不同的专门化品系中作为目标性状进行集中选择。每个专门化品系突出 1～2 个重要经济性状，可以加快遗传进展，加快系内目标基因纯合的速度。

（2）组建基础群。

①基础群来源：专门化品系可在纯种基础上建系，在生产上一般采用繁殖性能良好的品种建成母系，以生产性能和胴体性能良好的品种建成父系。专门化品系在 2 个或 2 个以上品种及品系的杂种基础上建系（实际上是合成系）。优点在于扩大了变异，能较快形成理想的杂交亲本。此法要求群体规模大。

②基础群的质量：

A. 具有广泛的遗传基础，即群内个体有较大的遗传变异。

B. 群内个体要有突出的优点，以某一特定性状目标组成群体时，该特定性状必须高于全群平均水平，具有较大的选择差，以保证基础群具有较高的增效基因频率。其他性状的表型值也应合格。

C. 群内个体的近交系数最好为零。即使有近交，近交系数也应尽可能低。群内公羊之间没有亲缘关系。

③基础群的规模和公母比例：基础群应有一定数量的个体，并维持适当的公母比例。其作用是确保选种时的选择强度和避免近交过快。一般认为每世代应有 10 只公羊和 100 只母羊。

（3）选择方案和选择方法。

①选择方案：基础群封闭后，近交系数就会逐代上升，基础群内各种各样的基因将通过分离而重组，并逐步趋向纯合。经过若干代严格选择，就可以使原始基础群变为具有共同优良特点的品系。

②选择方法：从基础群开始，每世代选留的公母数相同，且保持一定的比例，要求每世代羊集中在短时期内出生，并在相同管理条件下生长和生产，然后根据本身、全同胞或半同胞的生产性能进行严格的选种。选留时要照顾到每个家系，一般情况下，经过 4~6 个世代的闭锁繁育，品系的特点得到进一步巩固和加深，类群达到相当数量时，品系就基本完成。

（4）平均近交系数。专门化品系的平均近交系数低于近交系，高于品种内个体间的亲缘系数。一般要求在建立专门化品系时 3~4 代后平均近交系数不超过 20%。

（5）配合力测定。一般从第三世代开始，每一世代都要进行配合力测定，以检验专门化品系的一般配合力以及专门化品系在配套杂交中的地位，同时找到最佳的杂交组合，以便于在生产中推广应用。

2. 正反交反复选择法

（1）正反交反复选择法的步骤。首先，组成 A、B 两个基础群（基础群组建的要求与闭锁继代选育法基本相同），依性能特征不同，定为 A、B 两个系，每个系中着重选择的性状应不同。这两个系最好事先经测定具有一定杂种优势；其次，把 A、B 两系的公、母羊，分为正、反两个杂交组，即 A♀×B ♂和 A ♂×B♀，进行杂交组合试验；再次，根据正反杂交结果，即根据 F1 代的性能表现鉴定亲本，将其中最好的亲本个体选留下来，其余的和全部后代杂种都一起淘汰为商品生产用，选留下来的亲本个体必须与其本系的成员交配即分别进行纯繁，产生下一代亲本；最后，将前面繁殖的优秀的 A、B 两系纯繁羊选择出来，再按正反杂交—后裔（性能）测定—选种—纯繁的模式重复进行下去，到一定时间后，即可形成两个新的专门化品系，而且彼此间具有很好的杂交配合力，可正式用于杂交生产。

正反交反复选择法的整个过程包括了杂交、选择、纯繁 3 个部分，其主要优点有：第一，由于把杂交、选择和纯繁有机地结合在一起，三者不断交替重复使用，既可提高纯系的生产性能，又提高了两系间的特殊配合力，获得了杂种优势；第二，$F_1$ 杂种的生产性能指标，既可作为测验双亲杂交的配合力，又可当作 A、B 系的后裔测验成绩；第三，正反交反复选择法既是一种选种方法，又是一种杂交方式，能达到既有效又经济的目的。

（2）改良正反交反复选择法。由于正反交反复选择法延长了世代间隔，会延缓育种进程，于是才有人提出了改良正反交反复选择法。

具体操作过程：

先组成 A、B 两个基础群，依性能特征不同定为 A 系、B 系。第一年将 A 系母羊的一半与 B 系的公羊杂交，另一半与 A 系的公羊交配进行纯繁；同样地，B 系母羊的一半与 A 系的公羊杂交，另一半与 B 系的公羊交配进行纯繁，杂交后代作肥育测定用，根据杂交效果选择，即从杂交效果好的亲本公羊的纯繁后代中选留种羊，组成一世代。第二年将选留纯繁后代再按第一年正反杂交组合和纯繁办法进行正反杂交和纯繁试验，如此正反交反复选择进行下去，即可育成具有高度杂种优势的两系配套的专门化品系。

在用正反交反复选择法或改良正反交反复选择法培育专门化品系过程中，应注意在两系内分别从中选个体纯繁组成下一世代亲本群时，要注意避免过度近交。

### （四）合成系的建系方法

合成系是指两个或两个以上来源不同，但有相似生产性能水平和遗传特征的系群杂交后形成的种群，经选育后可用于杂交配套。

1. 合成系建立的遗传基础

合成系建立的遗传基础是基因的互补效应、自由组合规律和基因杂合效应。其育种原则是尽力缩短世代间隔以加快遗传进展，较长久地保持群体杂种优势的交配制度。群体内不设"理想型"，但到一定发展阶段实行相对"闭锁"的方法。

2. 建立合成系的方法

主要包括3个阶段：①根据当地生态条件，并对市场调查分析，而拟定吸收怎样的纯种品种。一般选用4~5个纯种品种；②有目的地组织这些品种间的交配组合，采用多种方式、多个品种的杂交方法，建立基础群；③根据需要和杂种表现，到一定时期进行"封闭"群体，停止引入原用的纯种公羊，系内公羊选择只考虑2~3个重要的经济性状，而对母羊仅考虑相应的性状，但对其他性状（如毛色等）不予考虑。

为保证品系建立以后有稳定的遗传基础，在建系前必须考虑下列条件：

（1）建系的数量。一个品种至少要有3个以上的品系，一个品系应有8~20个家系，每个家系应有30头母羊和5头以上的公羊。

（2）青山羊的质量。每个品系的综合性能一般要比原品种优越，而且各自都有自身的遗传特征。

（3）饲养管理条件。品系繁育的目标能否按期实现，种畜的饲养管理水平也很重要。

（4）技术与设备。品系繁育过程要求有统一的组织协调工作、完整而严密的技术配合工作，还应有必需的仪器设备。

### （五）配套系

1. 配套系的建立

配套系相对于品种而言，群体规模较小，一般每个配套系由数个专门化品系配套，每个专门化品系只突出 1~2 个经济性状，遗传进展较快，培育配套系所需时间较短，配套系群体小，结构简单，更新周期短。

2. 配套系的维持

配套系完成以后，必须立即进入维持阶段，即进行扩群保系，以便推广使用。配套系维持的含义就是保持配套系建成时的遗传特性，使之在计划维持期限内不发生显著退化，维持时间一般不少于10 年。维持配套系的基本要求是不引入外血，保留配套系 2/3 以上的种畜血统，控制近交系数的上升速度，继续进行选择，以进一步提高配套系的质量。

配套系的维持措施：

（1）控制近交速率。可选择亲缘关系远的公、母羊进行交配，以降低平均亲缘系数，控制近交系数的增长速度。

（2）扩大羊群数量。为了保留足够的遗传资源和增加杂交效果，一个品系应要有一定的数量。

（3）延长世代间隔。适当延长世代间隔，缓解近交系数的上升速度，保持基因型的纯合程度不同。

（4）采用合适的留种方式。不造成主选性状的基因流失。

（5）扩大后代群的变异。加强选种选配，多建立一些支系，丰富群体结构。

## 二、血液更新法

血液更新是指从外地（或与本场羊群无血缘关系的外场）引入同品种的优秀公羊更新本场羊群中所使用的公羊。在以下情况时使用。

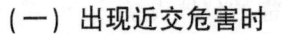

### （一）出现近交危害时

当羊群小，长期封闭繁育，并出现由于亲缘繁殖而产生近交危害、出现不良后果时。

### （二）性状较稳定并且难以提高时

当羊群的整体生产性能达到一定水平，由于羊只个体间性状相近、差异变小，单纯依靠本场公羊已经难以提高时。

### （三）生产性能下降时

当羊群的生产性能、体质外貌、适应性等出现阻滞或退化时。

## 三、本品种选育法

本品种选育一般是指在品种内部通过羊群整顿、选优淘劣、精心选配、品系繁育、改善培养条件等措施，逐步提高本品种的生产水平的过程。本品种选育的基本任务是保持和发展品种的优良特性，增加品种内优良个体的比重，克服该品种的某些缺点，达到保持品种纯度和提高整个品种质量的目的。

济宁青山羊属于地方优良品种，而凡属地方优良品种的往往都具有某一特殊的优良生产性能，往往没有合适的品种与其杂交改良，同时品种内个体间、地区间的性状表型差异很大，不像培育品种那样整齐一致。因此，选择提高的潜力很大。只要不间断地进行本品种选育，品种质量就会得到不断提高和完善。

本品种选育的基本做法是：

1. 种群筛选—建立核心群

种群筛选是从群体的整体水平寻找特别优秀者，集中成一个优秀育种群。在育种群中建立起生产性能记录制度，通过精心编织配种计划，测定其后代的生产性能，当这些优秀者被确认为具有良好的遗传结构时，便自然而然地形成了本品种选育的核心群。

2. 肉羊的品种内结构

高度培育的新品种，具有明显的品种内结构，目的是把主要的育种工作放到最优秀的羊群上，使生产性能尽快地提高，并有计划地推广扩散。这种结构是由核心群、种畜繁殖群和商品生产群 3 个等级组成。

# 第五节　济宁青山羊高繁殖力品系选育研究

## 一、济宁青山羊高繁品系选育效果观察

蒋培红等（2003）开展了青山羊高繁品系选育及其相关体貌指标测试。经过 4 个代次选育结果，选育羊只繁殖率达到 302.27%，较之该品种平均产羔率 293.65%，提高了 8.62%；外貌特征比较匀称，整齐度高，6 月龄济宁青山羊的体重、体高和胸围等均有所提高，但提高的幅度不大。选育后母羊的周岁体重较选育前提高 1.98 kg，成年体重提高 2.99 kg。

### （一）材料与方法

1. 选育地自然环境

济宁青山羊高繁品系选育在菏泽市牡丹区百草羊业有限公司进行，公司位于菏泽市牡丹区。所处位置是传统青山羊栖息生活地，地理气候环境适宜。全年光照充足，四季分明，适宜多种农作物的生长，具备较好饲养条件。

2. 济宁青山羊高繁品系选育方法

根据前期对济宁青山羊品种现状调研及其生长发育、繁殖等特点，确定提纯复壮以提高繁殖性状为主，兼顾提高生长性能为辅的选育目标，同时拟定了济宁青山羊高繁品系选育计划。在菏泽市牡丹区百草羊业有限公司内以种公羊家系血缘关系组建零世代基础群，包含种公羊 10 只，能繁母羊 60 只，一年一个代次，共选育 4 个代次。采用群体内繁殖性状同质交配，控制世代间近交增量在 5% 以内。运用现代数量遗传学和群体遗传学原理，采

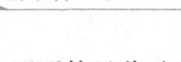

用群体继代选育法进行闭锁繁育，以后代的群体均值为基础，根据个体表型及家系生产性能，淘汰低于群体均值和有遗传缺陷的个体。

3. 试验羊只的选择

一是比照济宁青山羊外貌特征，选择符合其基本特点的；二是追溯系谱，选择其父、母代乃至祖代为优质品种的；三是结合其自身生长性能，尽可能选择生长发育快的品种个体；四是严格按照选育计划进行，计划使用的种羊，按照其个体特点，选择合适的公羊与母羊交配。

4. 生产性能测定

对选育群内出生的后代，进行体形外貌评定、生长发育和繁殖性能等测定。

**（二）结果与分析**

1. 体形外貌

经过选育，济宁青山羊的体形外貌明显改观。一是选育后，整齐度得到显著提高；二是核心群具有典型的"四青一黑"的特征。公、母羊只均表现出较好的济宁青山羊特质，同时骨骼健壮，肌肉发育良好，显示出具有肉用潜质的基本特征。

2. 生长发育

经过 4 个代次的选育，6 月龄济宁青山羊的体重、体高和胸围均有所提高（表 4-3），但提高的幅度不大。选育后母羊的周岁体重较选育前提高 1.98 kg，成年体重提高 2.99 kg。

表 4-3　高繁品系生长发育结果（kg，cm）

| 代次 | 公羊 | | | | | 母羊 | | | | |
| | 6 月龄 | | | 周岁体重 | 成年体重 | 6 月龄 | | | 周岁体重 | 成年体重 |
| | 体重 | 体高 | 胸围 | | | 体重 | 体高 | 胸围 | | |
| 0 | 12.45 | 46.87 | 68.54 | 20.14 | 32.51 | 11.41 | 44.23 | 59.84 | 19.45 | 26.47 |

（续表）

| 代次 | 公羊 | | | | | 母羊 | | | | |
| --- | --- | --- | --- | --- | --- | --- | --- | --- | --- | --- |
| | 6月龄 | | | 周岁体重 | 成年体重 | 6月龄 | | | 周岁体重 | 成年体重 |
| | 体重 | 体高 | 胸围 | | | 体重 | 体高 | 胸围 | | |
| 1 | 12.74 | 48.51 | 68.47 | 21.54 | 31.74 | 11.72 | 44.35 | 61.54 | 19.62 | 26.24 |
| 2 | 12.67 | 48.46 | 67.63 | 22.46 | 33.53 | 11.34 | 45.63 | 61.67 | 20.41 | 28.45 |
| 3 | 12.76 | 49.57 | 69.70 | 23.82 | 33.74 | 11.82 | 45.78 | 62.47 | 20.46 | 28.91 |
| 4 | 12.83 | 49.62 | 70.41 | 25.12 | 34.83 | 11.94 | 46.10 | 62.79 | 21.43 | 29.46 |

### 3. 繁殖性能

提纯复壮选育后母羊的产羔率上升到 302.27%，较之前的产羔率提高 17.27%；产三羔以上母羊比例为 88.64%，较之前 81.67% 提高 6.97%；羔羊成活率为 97.80%，较之前 91.35% 提高 6.45%（表4-4）。

表4-4 济宁青山羊高繁品系母羊繁殖性能测定 （只、%、kg）

| 代次 | 母羊数 | 产羔数 | 产羔率 | 单羔率 | 双羔率 | 三羔及以上 | 初生体重 | 成活率 |
| --- | --- | --- | --- | --- | --- | --- | --- | --- |
| 0 | 60 | 171 | 285 | 8.33 | 10 | 81.67 | 1.92 | 91.35 |
| 1 | 52 | 151 | 290.35 | 5.77 | 9.62 | 84.61 | 1.94 | 92.21 |
| 2 | 49 | 144 | 293.88 | 0 | 16.33 | 83.67 | 2.08 | 94.61 |
| 3 | 46 | 137 | 297.83 | 0 | 13.04 | 86.96 | 2.11 | 95.43 |
| 4 | 44 | 133 | 302.27 | 0 | 11.36 | 88.64 | 2.26 | 97.80 |

### （三）讨论

济宁青山羊是山东省地方优良山羊品种，具有悠久的养殖历史。但长期以来由于济宁青山羊生产发育较慢，近交繁殖及盲目杂交，致使济宁青山羊品种退化问题严重。通过对济宁青山羊进行高繁品系选育，有效缓解了这一问题。

近些年，由于追求肉用性能，通过本地白山羊以及引进波尔山羊对青山羊杂交比较泛滥，以致济宁青山羊品种纯度不高，产区内青山羊后代毛色分离等现象严重，其后代也出现了白色、黑色、褐色等杂色，有的甚至耳型与波尔山羊相似，影响了该品种的传承。经过选育，目前核心群体形外貌基本具备了青山羊的品种特征，体重和各项体尺指标较选育前有所降低，但更趋于一致，品种整齐度明显改善。

高繁殖力是济宁青山羊的重要种质特性，主要表现在：性成熟早，3~4月龄即可发情，母羊年产两胎或两年产三胎，每胎平均产2羔以上。通过提纯复壮，我们综合系谱测定、个体测定和后裔测定的结果以其繁殖力——产羔数作为重要选育指标，选留产羔数在2个羔以上的母羊，目前核心群母羊平均产羔率上升17.27%，其中产三羔以上母羊比例上升6.97%，成活率上升6.45%。

同时鉴于济宁青山羊青猾子皮销路不畅，产业从毛皮为主逐渐转向以肉为主。因此，羔皮品质不再作为今后的主要选育指标，而繁殖性能、生长发育性能等指标将是今后选育的主要方向。

## 二、济宁青山羊高繁殖力基因研究

济宁青山羊具有较高的繁殖力，国内外学者采用分子生物学技术对其进行了大量研究，旨在弄清多胎的机制。陈永军等、赵中权、张家骅（2008）等综合分析了国内外学者对济宁青山羊高繁殖力基因研究的现状，特别分析介绍了 *BMP15*、*FSHf3*、*GDF9*、*PRLR*、*INH*、*MTNR1A* 6种基因与济宁青山羊多胎性能的关系，并提出了研究前景及以后的研究方向。

1. *BMP15* 基因

骨形态发生蛋白 15 （*BMP15*）是由卵母细胞分泌的生长因子，它对早期卵泡的生长和分化起着重要的调节作用。绵羊 *BMP15* 基因全长 1 179 bp，由两个外显子和一个内含子组成，外显子 1 长 324 bp，外显子 2 长 857 bp，内含子长约 5.4 kb。Hanrahan 等（2004）研究 *BMP15* 基因对 Belclare 绵羊和 Cambridge 绵羊高繁殖力的影响时，发现 *BMP15* 基因编码区 718 处碱基突变（C_—，T）和 Bel-clare 绵羊的 *BMP15* 基因编码区 1 100 处的碱基突变（G_—_—T）对绵羊高繁殖力影响显著，分别将它们命名为 B2 和 B4 突变。当 *BMP15* 基因突变为杂合子时，Belclare 绵羊和 Cambridge 绵羊排卵数都增加。Galloway 等也研究发现 *BMP15* 基因的突变（V31D 和 Q23Ter）与 Inverdale 和 Hanna 两个绵羊品种杂合子母羊的高排卵数和纯合子不育相关联。随后储明星也对高繁殖力的小尾寒羊 BMP15 基因进行了研究，发现编码序列第 718 位碱基处发生了与 Belclare 绵羊和 Cambridge 绵羊相同的 B2 突变；对于 *BMP15* 基因的 B2 突变，在小尾寒羊中检测到 AA、AB 两种基因型，突变杂合基因型（AB）小尾寒羊平均产羔数比野生纯合基因型（AA）多 0.6 只。

焦彩兰检测了 *BMP15* 基因在济宁青山羊、内蒙古绒山羊、安哥拉山羊、波尔山羊中的多态性，结果在 4 个山羊品种中均未发现 *BMP15* 基因的 B2 和 B4 突变，说明这 2 个突变位点对济宁青山羊的高繁殖力没有显著影响。而后来通过检测 *BMP15* 基因 2 个外显子的单核苷酸多态性，却发现济宁青山羊中存在 AA、AB 两种基因型（BB 型与 AA 相比有两处突变：G963A；G1050C），AA 型频率为 0.10，AB 型频率为 0.90，而在低产的辽宁绒山羊、内蒙古绒山羊和波尔山羊中只检测到 AA 基因型。基因型 AB 平均产羔数比 AA 型多 1.19 只，*BMP15* 基因的扩增片段没有达到 Hardy-Weinberg 平衡状态，而其他 3 个品种却处于平衡状态，说明 *BMP15* 基因可能是济宁青山羊高产羔数的主效基因。

2. *FSHβ* 基因

卵泡刺激素（FSH）是垂体前叶嗜碱性粒细胞分泌的一种糖蛋白激素，它与黄体激素（LH）一起作用于性腺，促进动物性成熟和保持周期性繁殖能力。FSH 可刺激卵泡发育、排卵以及精子的发生和成熟。哺乳动物 *FSH* 基因由 a 和 B 两个亚基组成，山羊 *FSHJ3* 基因全长 732bp，包括 2 个外显子和 1 个内含子，共编码 7 个氨基酸。

梁琛等采用 PCR-SSCP 方法检测 *FSHβ* 基因 5′调控区、外显子 1 和外显子 2 在济宁青山羊中的单核苷酸多态性，首次得出了在济宁青山羊中存在 AA、AB 和 AC 3 种基因型，BB 型与 AA 型相比在外显子 2 上发生了突变（G94A）；CC 型与 AA 型相比在外显子 2 上出现了沉默突变（C174T）。济宁青山羊 AA、AB 和 AC 基因型频率分别为 0.686、0.137 和 0.177。AA 型产羔数的最小均值比 AB 型多 0.78（$P<0.05$），比 AC 型多 0.64 只（$P<0.05$）。AA 型济宁青山羊的产羔数显著高于其他两种基因型，初步认为 *FSHB* 基因是控制济宁青山羊多胎性能的一个主效基因或是与之存在紧密遗传连锁的一个标记，A 等位基因可能具有增加山羊产羔数的作用。

3. *GDF9* 基因

生长分化因子 9（GDF9）属于转化生长因子 TGF 家族成员，对早期卵泡的生长和分化起到重要调节作用。绵羊 *GDF9* 基因位于 5 号染色体上，全长约 2.5kb，其中包括 2 个外显子和 1 个内含子，外显子 1 长 397bp，外显子 2 长 968bp，内含子长 1 126bp。有学者对济宁青山羊的 *GDF9* 基因研究发现，AA 基因型和 AB 基因型济宁青山羊产羔数显著高于 BB 基因型，AA 和 AB 型间差异不显著；CC 型显著高于 CD 和 DD 型；EE 型显著高于 EF 和 FF 型，说明 *GDF9* 基因与济宁青山羊的高产羔数有关。而后来何远清也对 *GDF9* 基因作了研究，结果显示 *GDF9* 基因 1 184bp 处的碱基突变（C_—_—_T）与济宁青山羊的高繁殖力无显著相关。

4. *PRLR* 基因

催乳素（PRL）又称促乳素或生乳素，它是脊椎动物腺垂体分泌的单链多肽类激素，属于生长激素-催乳素家族，是繁殖成功所必需的垂体前叶肽类激素，其功能受到催乳素受体的调控。

对冀中山羊 *PRLR* 基因进行了 PCR–SSCP 检测，*PRLR* 基因内含子 2 对冀中山羊第一胎、第二胎产羔数均有较大影响，特别是内含子 2 的 DD 基因型对其影响巨大。

张跟喜等设计了 5 对引物，检测 *PRLR* 基因外显子 10 及部分 3′非翻译区在高繁殖力山羊品种（济宁青山羊）和低繁殖力山羊品种（辽宁绒山羊、波尔山羊和安哥拉山羊）中的单核苷酸多态性。结果表明：首次拼接出的山羊 *PRLR* 基因外显子 10 及部分 3′非翻译区的核苷酸序列长度为 1 118bp。济宁青山羊 AA 和 AB、DD 和 DE 基因型之间产羔数的最小二乘均值差异不显著（*P*>0.05），FG 基因型济宁青山羊产羔数最小二乘均值比 FF 基因型的多 0.76 只（*P*<0.05）；得出了 PRLR 基因可能是控制济宁青山羊多胎性能的一个主效基因或是与之存在紧密遗传连锁的一个标记。

5. *INH* 基因

抑制素（INH）是由睾丸支持细胞和卵巢颗粒细胞分泌的糖蛋白激素，是由 a 和 B 两个亚基通过二硫键联结而成的异二聚体。抑制素的两个亚基分别由不同的基因编码：即抑制素 a 亚基基因（INHa）、抑制素 B 亚基基因（INH）。

Jaeger 等对 1 000 次产羔记录的初步统计分析表明，*INHa*、*INHf3A* 和 *INHf3B* 对绵羊产羔数都有显著的基因效应；Leyhe 等报道，绵羊 INHB、a 因座 TaqIA 等位基因频率随品种平均产羔数的增加而增加；Hiendleder 等报道，该基因对绵羊产羔数有显著影响，391 只 Merinolandschafe 母羊 1 585 窝产羔数动物模型分析显示，*INHa* 基因替代效应达到 0.08 只羔羊，155 只东弗里生乳用绵羊 620 窝产羔数动物模型分析显示该基因替代效应达到 0.09 只羔羊。滑国华检测了波尔山羊、海门山羊、马头山羊和努比山羊 4 个品种中 *INHa* 基因编码区，发现 G128A、G284A 突变，同时检测了该突变在 4 个山羊品种中的基因型分布，并进行了性状关联分析，发现 *INHa* 不同基因型平均产羔数表现为 GG>AG>AA，最终得出 *INHa*

可能是影响山羊产羔数性状的一个主效基因。

何远清对济宁青山羊 *INHa* 基因的扩增产物经 PCR-SSCP 检测表明，引物 5 和引物 7 扩增片段以及引物 6 扩增的两处碱基突变 C57T 和 G79A 与济宁青山羊的高繁殖力无明显关联；引物 8 扩增片段的碱基突变（T230C）出现了 BB 和 Bb 两种基因型，且 Bb 基因型与济宁青山羊的高繁殖力存在一定相关。彭志兰对济宁青山羊抑制素 f3A 基因的研究中，没有发现 *INHf3A* 基因外显子 1 的多态性，只发现其外显子 2 存在一处单碱基突变（T80C）；AA 基因型济宁青山羊产羔数显著高于 AB、BB 基因型，初步认为 A 等位基因可能具有增加山羊产羔数的作用。

### 6. *MTNR1A* 基因

褪黑激素通过与其受体的结合来发挥生物学功能，褪黑激素受体（MTNR）属于 G 蛋白耦联受体家族。根据 MEL 受体与 2-125I-MEL 结合的药理和动力学特性可将它们分为高亲和性的 MELT 型受体和低亲和性的 MEL2 型受体。根据蛋白质同源性又可将 MEL1 型受体分为 MELlA，MELiB，MEL1C 3 种亚型。目前哺乳动物中尚未发现 MELiC 型受体，而对于绵羊等具有明显季节性繁殖特征的动物仅在垂体结节部发现 MELlA 型受体，目前的研究也多集中在 MEL1A 型受体上。

程笃学做了绵、山羊 *MTNR1A* 基因与繁殖季节性的关联研究，发现绵羊 *MTNRIA* 基因外显子 2 分别在 605 和 606 位碱基处存在 *MnlI* 和 *RsaI* 酶切多态性，山羊 *MTNRIA* 基因外显子 2 存在 RsaI 酶切多态性。*MTNRIA* 基因外显子 2 的 MnlI-RFLP 位点与绵羊的季节性繁殖相关联，而与山羊季节性繁殖不存在关联；RsaI-RFLP 位点与绵、山羊的繁殖季节性都存在关联。MM 和 RR 基因型与绵羊常年发情关联，mm 和 rr 基因型与绵羊季节性发情关联；RR 基因型与山羊常年发情关联，Rr 基因型与山羊季节性发情关联。滑国华在波尔山羊、海门山羊、马头山羊和努比山羊 4 个群体中，对褪黑激素 1 型受体 A 亚型基因进行检测，发现了 3 个突变：T155C，A239G，A277G。推断出 A1、A2、A4 等位基因均与海门山羊和波尔山羊产羔数呈正相关。何远清等对常年发情的济宁青山羊和季节性发情的辽宁绒山羊母羊的褪黑激素受体 1A 基因外显子 2 的 824bp 扩增产物进行了克隆测序及序列分析比较。发现第 52 位碱基发生了突变（G＿—＿—A）导致了 RsaI 酶切多型，且济宁青山羊 RR 基因型频率明显高于其他品种，表明 RR 基因型与济宁青山羊繁殖季节性存在明显关联。

### 7. 其他基因

何远清以济宁青山羊和辽宁绒山羊两品种的下丘脑和卵巢组织作为研究对象，进行了差异显示 PCR（DDRT—PCR）研究，发现在 1 195 条EST 中获得 24 条杂交验证为阳性的差异表达片段，最终确定 10 条差异表达片段与三个功能基因相似，分别为 *YidC* 基因、GATA 转录调节因子和 *CAT* 基因。

GATA 转录调节因子在山羊的繁殖系统中有着明显的功能和作用，参与山羊的性别决定和繁殖功能的调控。

### 8. 展望

济宁青山羊是我国乃至全世界不可多得的高繁殖力山羊品种，是研究山羊高繁机制的良好素材。虽然对济宁青山羊的繁殖性能做了很多研究，找到了一些与多胎相关的基因或与之存在紧密联系的遗传标记，但尚未发现真正的主效基因，仍然没有解释清楚多胎的遗传机制。所以，在以后的研究工作中，除了进一步筛选与繁殖相关的候选基因，同时也应该从激素水平、蛋白表达水平和全基因组信息分析的角度进行全面深入研究。一旦济宁青山羊多胎机制研究成功，必将加快世界山羊产业的发展，为培育新的高繁殖力山羊品种或品系提供理论基础和技术支持。

# 第五章 济宁青山羊繁殖管理

现代化的养羊生产实践中，繁殖技术是关键环节之一。繁殖技术不仅影响养羊业的生产效率，而且也是畜牧科学技术水平的综合反映。随着科学技术的迅速发展，家畜的繁殖技术突飞猛进。在生产过程中，通过繁殖技术有效地控制和干预繁殖过程，使养羊生产能最大限度地按人类的需要与要求有计划地进行。

## 第一节 羊的繁殖规律

### 一、性成熟及初次配种的年龄

#### （一）性成熟

指羊的生殖机能达到比较成熟的阶段，生殖器官已发育成熟，能产生成熟的生殖细胞，具有繁殖后代的能力。性成熟的主要标志是，公羊的阴茎与包皮能分离，并能暴露于体外，表现有爬跨、射精等性行为，与发情母羊配种后能使母羊受孕并产生后代；母羊性成熟是以第一次出现发情和排卵为主要标志。

青山羊的初情期为 108 日龄左右。但此时母羊的身体的生长发育尚未完成，一般不宜配种，以免影响羊的自身和胎儿的发育，进一步影响母羊的终生生产性能。所以，在生产实践中，应在母羊性成熟后配种，即母羊的体重达到其成年体重的 70%。

### （二）初次配种年龄

母羊的初配年龄应根据其发育及健康状况而定，一般比性成熟晚些，在开始配种时的体重应为其成年体重的 70% 左右进行，青山羊初配年龄公山羊为 6 月龄，体重为 12.5 kg，母山羊为 5~6 月龄，体重 10 kg 以上。

近年来，许多研究证明，实行羔羊的早龄配种是促进养羊业发展的有效方法之一。有条件地提早母羊的初配年龄（5~6 月龄），不仅不会对其身体造成危害，而且对生产和育种十分有益。当然，初配年龄提前，对母羊所造成的影响仅表现在躯体脂肪量的差异，而对肌肉、骨骼等组织的生长发育并不产生不利影响。同时，早配母羊的难产率也低。

公羊早期配种的年龄多在 7~10 月龄。此时公羊所产精液品质不佳，配种能力差，在利用时也要控制公羊的配种强度。同时，进行早期配种，要选择生长发育及性器官发育良好且饲养管理条件好的公羊。

## 二、发情与排卵

### （一）发情

所谓发情，就是指母羊性成熟后，由于排卵和所分泌激素的刺激，以及神经反射等作用，使其发生一系列复杂的生理变化。

1. 发情征状

由于发情是由多方面因素引发的，羊的发情征状也是多方面的。

（1）母羊的精神状态。母羊发情时，常表现兴奋不安，对外部刺激反应敏感、食欲减退、摆尾，有交配欲，喜欢接近公羊，并接受爬跨。

（2）生殖道的变化。发情时，母羊的生殖道发生了一系列有利于交配活动的生理变化：外阴松弛、潮红、充血肿胀；阴门有黏液流出；阴道充血、松弛；子宫颈口松弛、充血，并有黏液由子宫颈口流入阴道。

（3）卵巢的变化。母羊在发情前2~3 d卵巢卵泡快速发育，卵泡部位突出于卵巢表面。

2. 发情持续期

母羊每次发情所持续的时间称为发情持续期。由于季节、饲养管理条件、年龄和个体等条件不同，发情持续期也不尽一致。青山羊发情持续期为（49.56±11.83）h。但是，发情不等于排卵，所以在生产实践中应注意。

3. 发情周期

即母羊上一次发情的开始到下一次发情的开始所间隔的时间。济宁青山羊的发情周期为15~17 d。但不同的光照、温度、饲料、膘情等条件，均会影响母羊的发情周期。

（二）排卵

通常指成熟卵泡破裂，卵子随卵泡液从中排除的过程。青山羊均属于自发性排卵动物，且一般均在发情后期排卵。排卵时间为24~30 h。配种一般应在发情开始后12~24 h期间。在实际生产操作中，一般母羊上午发情，下午进行第一次配种，第二天上午再进行第二次配种；当在下午发情时，一般于第二天上午配种一次，下午再配种一次，这样就可以最大程度地提高受胎率。母羊的排卵数目因品种而异，济宁青山羊每次可以排卵5个以上。

## 三、羊的繁殖季节

羊属于短日照动物，一般是在秋、冬季节发情配种。这是由于光照是影响母羊发情的主要因素，即当对母羊由长日照时间转变为短日照时间时，腺体分泌大量的促性腺激素，刺激卵巢，使母羊发情并接受配种。当由短日照逐渐转变为长日照时，母羊的发情活动也就停止。这是自然选择的结果，也是生物适应性的体现。因为秋、冬季配种，春季产羔，就使羔羊自然地避开枯草期，使之成活率增加。公羊一般没有明显的繁殖季节，因而可全年配种或采精，但在精液品质方面也有季节性变化的特点。一般秋季品质最好，春、夏季较差。同时，公羊在性活动上也有一定的季节性差异，即秋季高，冬季低。

羊的发情季节是可以变化的，随着驯化程度的加深和饲养管理条件的改善，可使发情季节不受严格限制，甚至没有明显季节性，可全年发情。而绝大多数品种发情季节明显，即使全年发情的品种也相对集中在秋、冬季节，以8—9月为最多。

## 四、怀孕

怀孕即妊娠，指从受精开始，经胚胎及胎儿的生长发育，到胎儿产出为止的生理变化过程。此时期称为妊娠期，通常以配种或输精之日算起到分娩为止。青山羊妊娠期平均为146 d（140～152 d）。羊的妊娠期因品种、年龄、胎儿数目、胎儿性别和自然环境等因素的不同而略有差异。一般早熟肉用羊品种妊娠期较短，年龄小的母羊的妊娠期较短，胎儿较多、怀母羔的母羊的妊娠期较短。另外，在冬季产羔及营养水平高的情况下，母羊的妊娠期也较短。

母羊预产期的简便推算方法为：配种月份加5，配种日数减2。例如，母羊于2008年8月28日配种，8＋5＝12＋1，1即为预产月份，28－2＝26，26即为预产日，则该母羊的预产期为翌年的1月26日。

# 第二节 羊的配种

## 一、配种时间的选择

配种时间的确定，主要是根据各地区、各羊场的年产胎次及产羔时间决定的，即主要是根据什么时间产羔最有利于羔羊的成活及母仔健壮来决定。

根据母羊的繁殖性能不一样，有二年三产母羊和一年二产的母羊，济宁青山羊即属于此类。二年三产的母羊的配种时间及产羔时间为：第一年5月配种，10月产羔；第二年1月配种，6月产羔；9月配种，第三年2月产羔。一年二产的母羊，可于4月初配种，当年9月初产羔；第二胎在10月初配种，第二年3月初产羔。对于二年三产的生产模式在生产中可大力推广应用，所要注意的问题就是对羔羊实行早期断奶，同时要加强母羊的饲养管理水平，为母羊按人们所预期的时间正常发情打下基础。至于一年二产的模式，尚在探讨之中，因为母羊产后需要一定时间进行生理恢复。

全群母羊最好集中在1~1.5月内进行配种，以便集中产羔，便于管理，节省劳动力。

## 二、配种前的准备

### （一）整顿羊群

按羊的性别和年龄进行分群，拟参加配种的母羊单独组群，单独管理。同时，对所留公羊再进行一次选优除劣。

### （二）放牧抓膘

在配种前，要加强放牧，适当延长放牧时间，并且做好补饲工作，达到满膘配种，以利于提高母羊的受胎率。

### （三）种公羊的准备

在生产中所需的种公羊均应为特级、一级羊只。种公羊在全年保持均衡饲养的基础上，在配种前1~2个月进入配种准备期，开始补饲和加强运动，以保证公羊在配种期具有良好的膘情、健壮的身体和旺盛的性欲。一般每日补给混合精料0.5~0.75 kg/只，食盐5~8 g/只，运动6~8 h。

种公羊的精液品质应当经常检查，发现问题及时处理。还应加强种公羊的调教。对初次参加配种和性欲低下的种公羊进行调教的具体方法有：①把公羊放入发情母羊群中，让其观看其他种公羊的配种，然后诱导其进行爬胯；②在调教期内，每日早晚各按摩其睾丸一次，每次 10~15 min；③将发情母羊的阴道分泌物或尿液涂抹在公羊的鼻端上进行刺激；④调整饲料，增加胡萝卜，增喂鸡蛋，增加运动量；⑤对性欲不佳的公羊还可以使用药物刺激，每日饲服咖啡碱一次，每次 1.25 g/只，连用 3~5 d，或肌注丙酸睾酮，每日 0.1~0.2 g/只，连续注射 2 d 后，可使公羊性欲旺盛，出现爬胯行为。

种公羊在配种前 3 周开始训练排精，第一周隔两日排精一次，第二周每隔一日排精一次，第三周每日排精一次，以提高公羊的性欲及精液品质。

（四）母羊的发情鉴定

处女羊的发情征状不明显，常常进行安静发情。在生产中为避免错配、漏配，多用试情公羊进行试情。

（五）配种站的基本建设

在养羊实践中，若实行人工授精，必须要有相应的配种站。

1. 站址的选择

羊的配种站的位置，一般应选择在母羊分布比较集中、水草条件好、交通比较方便、无传染病、避风向阳、地势平坦干燥、排水良好的地方。

2. 房间及设施建设

房间一般可分为采精室、精液处理室和输精室。所有室内都要求光线充足，地面坚实，无尘土飞扬，空气新鲜，通风良好，安静。室温要求 18~25℃。对于面积的要求是：采精室 8~12 m²；精液处理室 8~12 m²；输精室 20 m²。另外，还要求有种公羊舍、试情羊羊舍及试情圈。

配种开始前，要做好器材、药品的购置和补充。建立一个简易人工授精站所必备的器材和药品见表5-1。

表5-1　人工授精站（室）所备器材和药品

| 名称 | 单位 | 数量 | 名称 | 单位 | 数量 | 名称 | 单位 | 数量 |
|---|---|---|---|---|---|---|---|---|
| 恒温显微镜 | 台 | 1 | 液氮罐 | 个 | 1 | 水温计 | 个 | 2 |
| 血细胞计数板 | 副 | 1 | 输精器 | 支 | 5 | 蒸煮锅 | 个 | 1 |
| 载玻片 | 盒 | 2 | 小试管 | 支 | 20 | 高压灭菌锅 | 个 | 1 |
| 盖玻片 | 片 | 50 | 集精杯 | 个 | 5 | 水浴锅 | 个 | 1 |
| 天平 | 台 | 1 | 玻璃平皿 | 个 | 5 | 保温广口瓶 | 个 | 2 |
| 长柄镊子 | 把 | 4 | 酒精灯 | 个 | 5 | 假阴道外壳 | 个 | 5 |
| 外科直剪 | 把 | 2 | 量筒（500 ml） | 个 | 1 | 假阴道内胎 | 条 | 10 |
| 羊用开膣器 | 把 | 5 | 药匙 | 把 | 4 | 气卡 | 个 | 3 |
| 输精枪 | 把 | 5 | 温度计 | 个 | 2 | 气卡胶塞 | 个 | 3 |
| 滤纸 | 盒 | 2 | 带盖瓷杯 | 个 | 4 | 柠檬酸钠 | 克 | 500 |
| 酒精（纯） | 千克 | 5 | 洗脸盆 | 个 | 5 | 烧杯（50 ml） | 个 | 10 |
| 液态石蜡 | 瓶 | 2 | 操作台 | 台 | 1 | 新洁尔灭 | 瓶 | 2 |
| 碳酸氢钠 | 千克 | 5 | 输精架 | 个 | 2 | 来苏尔 | 瓶 | 5 |
| 纱布 | 包 | 2 | 操作服 | 套 | 3 | 肥皂 | 块 | 2 |
| 烧瓶（200 ml） | 瓶 | 2 | 玻璃棒 | 支 | 若干 | 毛巾 | 条 | 5 |
| 烧瓶（1 000 ml） | 个 | 1 | 试情布 | 块 | 若干 | 医用头镜 | 个 | 1 |
| 电炉（2 000W） | 个 | 1 | 脱脂棉 | 千克 | 2 | 手电筒 | 个 | 1 |
| 瓶刷 | 个 | 若干 | 氯化钠 | 克 | 500 | 解冻液 | 瓶 | 若干 |
| 蓝黑墨水 | 瓶 | 1 | 呋喃西林粉 | 克 | 500 | 甘油 | 瓶 | 2 |

# 三、试情的组织

对于发情征状不明显及处女羊，发情鉴别起来非常困难。为了达到适时输精和防止漏配，必须正确利用和组织试情工作。

## （一）试情公羊的准备

试情公羊的数量一般以每100只母羊配备试情公羊2~3只为

宜。试情公羊要求性欲旺盛，营养良好，不肥不瘦，健康无病，行为活泼，无种用价值。对试情公羊一般在配种季节来临之前2个月左右做输精管结扎或阴茎移位手术（也可用试情布进行试情而不做手术），以防在试情过程中出现配种现象，影响生产。在配种前的10~30 d，要对试情公羊做性欲检查，即将试情公羊放入母羊群中10~30 min，观察其性欲。

### （二）试情公羊的管理

为了使试情公羊保持足够高的性欲状态，预防在生产中出现自淫的恶癖，试情公羊每隔5~6 d要排精一次。另外，对试情公羊要进行单圈饲喂。除试情外，不得和母羊在一起。要给试情公羊良好的管理条件及营养水平，使其活泼、健康。

### （三）试情组织

试情时，试情地点应当平坦、大小适中，一般以每只羊1.2~1.5 m² 为宜，过大则消耗羊的体力过大，且试情效果差，过小则会造成拥挤，对挑选母羊有影响。

试情时，首先每100只母羊放入2只试情公羊进行试情。间隔0.5 h再用2只试情公羊进行替换。当试情公羊放入母羊群后，工作人员不能轰喊，只能适当驱动羊群。

试情时间，一般在黎明前和傍晚放牧羊归来后各进行一次。有的在天亮后进行试情，此法不好，因为天亮后母羊急于出牧，性欲低下，影响试情效果。

试情时，当发现试情公羊嗅闻母羊的阴部或用蹄子踢打母羊的腹部，挑逗母羊，甚至爬跨到母羊背上。母羊表现为静止不动、不跑或开腿撒尿，这表明此母羊已发情，应挑选出母羊群，准备给予配种。一般黎明前发现的发情母羊，上午进行配种，傍晚再配一次。在傍晚发现的发情母羊，次日早晨进行配种，第三天早晨再配一次。

## 四、发情鉴定

在羊的繁殖工作中，发情鉴定是一个重要的技术环节，通过发情鉴定，可以判断出母羊的发情是否正常，以便发现问题，及时解决。通过发情鉴定及时发现发情母羊，正确掌握配种或人工授精的时间，防止误配、漏配，提高受胎率。

1. 外部观察法

发情母羊主要表现在喜欢接近公羊，并有强烈的摇尾动作，接受公羊的踢打挑逗，并有少量的黏液从阴部流出。同时发情母羊还表现出寻找公羊和尾随公羊，但只有母羊站立并接受爬跨时，才达到发情盛期。注意，发情母羊很少爬跨其他母羊。外阴部有充血、肿胀现象但不是太明显。总之，发情母羊的发情症状可用以下四句话进行概括："食欲不振精神欢，公羊爬跨不动弹，咩叫摆尾外阴红，分泌黏液稀变黏。"

2. 阴道检查法

是用开膣器来观察阴道黏液、分泌物及子宫颈的变化来判断母羊是否发情。发情母羊的阴道潮红充血，表面有光亮；有黏液；子宫颈口充血、松弛，有一定开张，并可观察到黏液从子宫颈口流出。在利用开膣器进行阴道检查时，要对开膣器进行严格消毒、清洗、烘干后涂上液体石蜡或白凡士林（应已作无菌处理）。检查人员首先将母羊保定好，一般双人操作，一人用双腿夹住羊的头部进行保定，一人进行检查。将母羊的外阴部用新洁尔灭或来苏尔稀释液进行消毒处理，然后用清水冲洗干净，再用无菌巾进行擦干。用左手横握开膣器，闭合前端，缓缓插入母羊的阴部，进入适当深度，5~10 cm，将开膣器向下旋转，打开阴道，通过反光镜或手电筒光线检查阴道内部的变化。一般发情母羊，由于阴道内分泌大量的黏液，所以插入开膣器时较易；若不发情，阴道苍白无光，没有黏液，所以插入时也比较困难。

阴道检查时，插入开膣器要缓慢，取出前不可完全闭合，以免机械夹伤阴道黏膜组织，引发感染，所以取出后才可完全闭合；开膣器的温度不可过冷过热，检查时间也不宜过长，更不可频繁插入和取出，以免因物理刺激而影响观察效果及人工授精效果；要严格遵守消毒制度，每检查完毕一只母羊，对开膣器即要重新洗涤，消毒一次，严禁重复使用，以防生殖道疾病及其他传染病的交叉感染。

3. 试情法

对试情公羊要事先做了阴茎移位手术、输精管结扎手术或用试情布，对于用试情布的试情羊在绑戴试情布时，一定要将公羊的阴茎口包裹在内，以防误配，同时，要在试情布上涂以颜料或放上染料袋，以便于公羊爬跨发情母羊后，在发情母羊的尻部作下标记。对试情公羊的挑逗或踢打腹部或爬跨行为而表现静立不动的母羊，则是发情母羊，且处于发情的盛期，应给予适时配种。

此外，也可用有色粉笔擦于母羊的尾根上，如果母羊发情，试情公羊爬跨其上而将粉笔擦掉，这也是一种简单的标记法，但所涂有色粉笔痕迹易被羊只拥挤时擦掉，而影响了发情鉴定的准确性。

4. 激素测定法

由于母羊发情时孕酮含量水平降低，雌激素含量水平升高，所以可以利用测定母羊血液、奶样或尿中雌激素或孕酮水平来进行发情鉴定。目前，在国内市场上有用于发情鉴定的酶联免疫测定试剂盒，操作时只需按照说明书介绍的方法加血样、奶样或尿样及其他试剂，最后根据反应颜色判断发情鉴定结果。

5. 黏液结晶法

在性激素的作用下，母羊子宫颈黏液中所含成分在发情周期各阶段的含量带有规律的变化，引起黏液干燥后出现不同的结晶状态。其方法是用长镊子取子宫颈黏液，在普通载玻片上抹平，干燥后镜检。如呈羊齿状或羽毛状结构结晶花纹，且花纹较典型，整齐，保持时间长，达数小时之久，含有上皮细胞和白细胞数量少，则表明此母羊处于发情盛期。花纹结构短，呈星芒状，且保持时间短，含有大量上皮细胞或白细胞，则表明此母羊已进入发情末期。

## 五、羊的配种方法和技术

羊的配种方法在养羊生产实践中可分为自然交配和人工授精两大类。

### （一）羊的自然交配

又称为本交，是指种公羊与发情母羊直接进行交配。自然交配方式又可分为自由交配和人工辅助交配两类。

**1. 自由交配**

是指常年或在配种季节将公、母羊混群饲养，任其自由交配，此法的优点就是省时省工，在公、母羊比例适当的条件下，能获得较高的受胎率。但缺点是不可忽略的，第一，在配种期，如果发情母羊处于发情初期，不接受爬跨，则引起公羊追逐母羊，影响了整个羊群的抓膘；第二，所需种公羊的数量大，因为在自由交配情况下，一只种公羊只能担负 15~20 只母羊的配种任务；第三，由于管理困难，后代血统不清，不能进行选种选配；第四，易出现近交退化现象等。

**2. 人工辅助交配**

就是将公、母羊分群放牧，在配种期内用试请公羊试情，有计划地安排公、母羊配种。这种配种方式不仅可以提高优良公羊的利用率，增加利用年限，而且能够有目的、有计划地选配，提高后代的质量，同时，还能够最大限度地控制产羔时间。

### （二）羊的人工授精

羊的人工授精是指利用器械，采取公羊的精液，经过精液品质检查及处理，再将精液输入发情母羊生殖道内，使母羊受孕的配种方式。人工授精可以提高优良种公羊的利用率。一般一只种公羊可以担负 200~300 只母羊的配种任务；能够最大限度地降低因本交而引起生殖道疾病和其他传染病的传播；利用人工授精可以非常清晰地记录所产后代的系谱；利用人工授精技术可以对精液品质进行检查，对发情母羊进行鉴定，做到适时配种，有助于消除母羊不孕及提高受胎率。

1. 采精前的准备

（1）器械的消毒。人工授精的器械，在使用之前要进行严密消毒，每次用过之后，必须洗刷干净，置于阴凉通风的干净橱柜内。

①洗涤器械：各类器械都应用肥皂和 20% 的碳酸氢钠液洗刷去污，再用温水冲洗数遍。不同质地的用品要进行独立洗刷，然后晾干，再根据器械的种类和用途进行消毒。

②器械消毒：对已经洗净晾干的各类器械和用品，常用以下几种消毒方法：

蒸汽消毒：玻璃类、金属类、输精胶管、输精枪、输精器、硬橡胶集精杯和纱布等，可采用蒸汽灭菌 30 min。

酒精消毒：常用 70% 酒精进行消毒的器械有假阴道内胎、水温计等。注意，用 70% 酒精消毒后的器械必须等到酒精气味完全挥发后方可使用。

火焰消毒：长柄镊子、开膣器、输精枪（金属）等利用火焰消毒。

消毒后的器械在使用之前要用生理盐水进行润洗。消毒后的器械要进行无菌存放。

（2）台羊的准备。台羊是用来让公羊进行爬跨，采精的支架。台羊可分为两类，一是活台羊；一是假台羊。前者选用健康，体壮，大小适中，性情温顺，发情盛期的母羊。优点是对性欲低下的种公羊也能较顺利地进行爬跨和采精，缺点是临时找合适台羊较困难，也较易造成传染病传染，所以用时应将台羊的后躯，特别是尾部、肛门、外阴部彻底洗净消毒擦干。后者是指仿照母羊的形态，以木架为基础而制成。在支架的后部留有放置假阴道的空间，支架的外部为较软的棉麻结构，最外面为羊皮。假台羊是被固定在地面上的。

（3）采精场的准备。为了能使公羊建立较稳定的交配条件反射，采精场地要固定。采精场要清洁卫生，无尘土飞扬，且环境安静。地面要求平坦但不滑，以免公羊在行走或爬跨时摔倒而影响采精，通常在台羊后垫一橡胶垫。采精场要配消毒设备，经常进行消毒，但消毒后要等到采精室内无刺激性气味残留时方可使用。同时，采精场应远离存放有刺激性、挥发性有害物质的地区，以免影响精液品质，如兽医门诊、药房等。采精场面积一般要求 5 m×5 m 左右，并与人工授精其他操作室毗邻。但不能让舍内公羊直接看得到采精操作场所，以免公羊触景生情而发生自淫或不安。

（4）假阴道的安装与制备。假阴道主要由外壳、内胎、集精杯、活塞等组成。假阴道的准备主要有以下几项。

①假阴道的安装与消毒：在安装假阴道之前，对其各部件要认真仔细地进行检查，特别是内胎，若发现裂损、沙眼，则不能使用，若完好无损时，最好用开水浸泡 3~5 min。安装时先将内胎装入外壳，两头要求等长，然后将一端内胎翻套在外壳上，将内胎拉直，不让其出现扭曲，将另一端的内胎用同样的方法翻套在外壳上。注意，在套此端时，不可让已套好的另一端口直接压在硬物上，以防将内胎压破。在将两端完全套好后，要求内胎松紧适度，且无扭曲。然后将两固定圈分别套在两端以固定内胎。

将内胎装好后要进行消毒，用长镊子夹上 75% 的酒精棉球消毒内胎，由内向外旋转，不留死角。等酒精挥发后，用生理盐水棉球多次擦洗，以防残留酒精对精子产生危害。集精杯采用高压蒸汽消毒后，用生理盐水棉球多次擦洗，然后安装在假阴道的一端。

②灌水：安装好后的假阴道内要灌入 50~55℃ 的温水，以使采

精时阴道内部的温度达到40~42℃。水量约为假阴道内、外胎间容量的1/2~2/3为宜，一般为150~180 ml，实践中常以竖起假阴道时水达灌水位置即可。然后装上带有活塞的气嘴，并将活塞关好。

③涂抹润滑剂：用消毒玻璃棒取少许石蜡油，由阴茎入口处均匀涂抹一薄层，其涂抹深度以假阴道长度的1/2为宜（10 cm左右）。在涂润滑剂时应注意，涂抹深度不可过深、过多，以免流入集精杯内，影响精液品质，亦不可涂抹过浅、过少，以免公羊的阴茎进入假阴道后抽动时产生痛感。

④测温：用水温计插入内腔测其温度，以其温度为40~42℃为宜。温度不可过高和过低，以免给公羊造成应激。若温度不合适，可用热水或冷水进行调节。

⑤调压：从气嘴向内、外胎壁内打气加压，使涂抹石蜡油的一端闭合为三角形或"Y"为宜。具体压力的大小应根据公羊的阴茎大小而定。

制备好以后，用纱布盖好入口，准备采精。

2. 采精

（1）采精技术。采精者一般应右手握住假阴道的后端，固定好集精杯，立于种公羊的右后侧。当公羊爬上台羊后，要沉着、迅速地将假阴道紧靠于台羊臀部，并将假阴道的角度调整得与公羊阴茎伸出的自然方向一致。此时应迅速地将公羊的阴茎导入假阴道内，切忌用手抓碰摩擦阴道，以防公羊因刺激而从台羊上跳下。公羊的阴茎会在假阴道内抽动几次，当公羊后躯急速向前用力一冲，同时表现出抬头，即已射精，射精后公羊从台羊上跳下时，假阴道不可硬行抽出，以防造成应激，而应顺阴茎向后移下，并迅速将假阴道竖起，集精杯一端向下，打开活塞气嘴阀门，放出空气以充分收集滞留在假阴道内胎壁上的精液。取下集精杯用盖子盖好，送精液处理室。

值得注意的是，羊对阴道内的温度非常敏感，因此，要特别留意温度的调节。而羊对压力敏感性要差一些，用手掌将阴茎导入假阴道时，应轻托公羊的包皮，避免抓握阴茎，且导入阴道时，一定要敏捷准确，防止导偏，以免引起阴茎弯折而损伤。同时，要紧握假阴道，防掉落。

（2）采精频率。由于山羊配种季节短，射精量少而附睾内的贮精量大，因此，在配种季节可每天多次采精，连续数周也不会对种公羊产生较大损害。在养羊生产实践中，常每日采精 2~3 次，但每次采精之间的时间间隔不少于 15 min。

（3）精液品质的检查。精液品质检查是为了鉴别精液品质的优劣。它既能确定新鲜精液进行稀释的倍数、保存效果的好坏，又能反映公羊的饲养管理水平和生殖器官的机能，还是提高受胎率的一项重要措施。在进行精液品质检查时应做到：第一，所采得的精液要迅速置于 30℃ 的环境中，工作室的温度在 20~30℃，显微镜周围的温度在 37~38℃；第二，要尽可能缩短检查时间，防止精液质量下降；第三，检查时，要对所用器械、所处环境进行消毒，但又不能留有消毒药品及其气味；第四，评定精液的质量等级时，要对检查结果综合分析，不能以一两项指标的好坏做结论。另外，对精液品质检查时，不能只检查精子，而且还要检查精液中是否有杂质、异物等情况。精液品质的常规检查方面主要有以下几种：

①精液量：精液采取后应立即进行直接测量，用带有刻度的集精杯采精，可以直接读取。一般情况下，山羊 1 次的射精量为 0.5~1.5 ml。

②云雾状：用肉眼观察所采得公羊的新鲜精液，可以看到由于精子运动而引起的翻腾滚动的云雾状现象。这是精子密度大，活动力强的外在表现。所以，可以根据精液云雾状的强弱状态来判断精子密度的大小和活力的强弱。

③色泽：正常羊的精液为乳白色或乳黄色。若色泽呈浅绿色表明混有脓液，色泽黄色是混有尿液，色泽浅红色是混有血液，若色

泽深红色或褐色，则说明该种公羊的生殖道内有损伤。

④气味：新鲜的精液略带有腥味，若带有其他气味，则表明该种公羊生殖系统存在病变。

⑤密度：公羊精液的密度分"密""中""稀"三级，一般用于输精的精液，其密度至少为"中"级。密度的测定通常利用显微镜观察法。在制片过程中，为了便于观察，常用3%的氯化钠稀释液将精子杀死。其方法是取经过杀死精子的精液一滴，滴在干净的载玻片上，并盖上干净的盖玻片，盖玻片与载玻片之间充满精液，无气泡。放在 300~600 倍的显微镜下进行观察，其密度判定方法是：

密：整个观察视野充满精子，精子之间的空隙很小，不足容下一个精子的长度，很难看出单个精子的活动情形。这种精子密度在 10 亿个/ml 以上。

中：视野中精子的数量也很多，但精子之间有明显的空隙，彼此之间可容下大约一个精子的长度，这种精子的密度在 8 亿个/ml 左右。

稀：精子在视野中分布稀疏，精子之间的空隙大，约超过两个精子的长度。

如果在视野中看不到精子，以"0"表示，说明此羊患有无精症。

⑥精子的活力：精子的活力又称为精子的活率，是指精液中进行直线运动的精子的比例。精液中的精子，运动类型有以下几种方式：直线运动、圆圈运动、原地摆动和静止。其中，只有进行直线运动的精子才具有受精能力，其他 3 种运动方式的精子不久即会死亡，没有受精能力。所以评定精子活力等级的标准是由精液中进行直线运动的精子在精液中所占的比例决定的。一般采用 5 级评定法：五级是指精子全部直线运动，即活力为 1；四级指 80%的精子进行直线运动，活力为 0.8；同理，三级指精子的活力为 0.6；二

级指精子活力为 0.4；一级指精子活力为 0.2。对于公羊的精液，一般要求在四级及四级以上才能供输精用。

用显微镜观察精子活力的方法：在 37℃ 左右时进行测定精液中直线运动的精子百分率。检查时以灭菌玻璃棒蘸取一滴精液，滴在载玻片上加盖玻片，在 300~500 倍条件下进行观察。

应该指出的是，进行精子活力的检查，不仅用在采精后，而且在精液稀释后以及保存的精液在输精前后都要进行精子的活力检查。

⑦精子畸形率：畸形精子又称为变态精子。主要包括精子的头部过大、过小，双头，双尾，断裂，尾部弯曲等。精液中若含有大量的畸形精子，则精液的品质低劣，影响受胎率。造成精子畸形的主要原因是：饲养管理不当，公羊睾丸和附睾患有疾病，种公羊长期未参与配种或配种过度以及采精不当等。在养羊生产实践中，为了提高受胎率，对长期未参与配种的种公羊所产的精液，最初所产的两次不做输精用。

精子畸形率的检查方法是：取原精液一滴，均匀地涂抹在载玻片上，用力要轻柔，干燥 1~2 min 后，用 96% 的酒精固定 2~3 min，再用蓝、红墨水染色 1~2 min，用蒸馏水轻轻冲洗，干燥后即可镜检。

精子的畸形率不可超过 14%，否则，此精液不能作为输精用。

（4）精液的稀释。精液进行稀释的目的在于扩大精液量，扩大配种母羊的头数，提高优良种公羊的利用效率，减弱有害因子对精子的伤害，延长精子的存活时间，使精子在保存或运输过程中免受各种物理、化学、生物因素的影响。

人工授精所需稀释液的主要目的是增加精液的容量和延长精子的寿命。为增加容量进行稀释时常有以下几种稀释液：

①生理盐水稀释液：用 0.9% 生理盐水做消毒处理直接进行稀释，也可用 100 ml 蒸馏水和 0.9 g 氯化钠混合、溶解、过滤，再经

煮沸消毒，加水补充蒸发所失水分后所得 0.9% 的氯化钠液进行稀释。此法简单，但稀释后要马上输精，不可保存，且稀释倍数不可超过 2 倍。

②乳汁稀释液：先将乳汁用几层纱布进行过滤，然后沸煮 10~15 min，取出冷却，吸取中间奶液即可做稀释用。用此法稀释后的精液，也要及时输精，不能做保存和运输用，且稀释倍数一般为 1~3 倍。

③葡萄糖卵黄稀释液：在 100 ml 蒸馏水中加葡萄糖 3 g，柠檬酸钠 1.4 g，溶解后过滤灭菌，冷却到 30℃，加新鲜卵黄 20 g，青霉素 10 万 IU，充分混合。用此稀释液稀释的倍数高，保存的时间长，可用于精液的运输，但要注意防震及升温。

无论采用何种稀释液，精液在进行稀释后都要进行精液品质的检查，然后再进行输精或保存。

（5）精液的保存。为扩大优秀公羊的利用效率、利用时间、利用范围，要对所采精液进行有效地保存，延长精子的存活时间。保存精液的基本措施就是降低精子的代谢速度，减少精子的能量消耗和减少精液中有害因子对精子的作用强度。在生产上主要是采用降低环境温度、隔绝空气和稀释方法去实现延长精子的存活时间这一目的。

现行的精液保存有 3 种方法：

①常温保存：常温保存是指将精液保存在室温（15~25℃）条件下。常温保存所需设备简单，便于推广。

常温保存液对精液可以保存，是因为常温保存液呈酸性，可以抑制精子的活动，减少能量消耗，进而可以延长精子的存活时间。在保存时，可将精液与保存液的混合物直接放入室内或地窖、自来水中进行保存。羊的精液可以保存 48 h 以上。山羊的常温保存液为羊奶。

②低温保存：低温保存是指将精液保存在温度范围为 0~5℃ 条

件下的保存方法。主要是利用低温来抑制精子的活动，降低能量消耗，延长精子存活时间。但羊的精液保存不适合用此法，因为此法对羊的精液保存时间短。

③冷冻保存：羊精液的冷冻保存，是利用液态氮（-196℃）或干冰（-79℃）作为冷源，将经过特殊处理的精液进行冷冻，使精液在超低温条件下尽量长期保存的方法。具体操作过程及注意的问题，见本章第四节详述。

3. 输精

在输精的时间上，应按照"老配早，少配晚，青年配中间"的原则进行。在实际工作中，一般上午发情的母羊，当日下午输精；而下午发情的母羊，次日早晨输精。为了提高母羊的受胎率和双胎率，在一个发情周期内提倡二次输精，即发情母羊第一次输精后，间隔8~10 h再输精一次。

在给羊进行输精前，首先要对精液品质进行检查，若输新鲜精液或常温保存的精液，精子的活力不得小于0.5；冷冻精液解冻后，精子的活力大于或等于0.3，方可输精。另外，每次为发情母羊输精量的多少，原则上应据精液中精子的密度、精子的活力而定。年老及产羔较多的母羊，因子宫松弛、肥大，输精时的输精量可适当增加。在生产上，发情母羊的输精量一般是：鲜精，每只每次输精量为0.05~0.1 ml；冻精，每只每次输精量为0.1~0.2 ml。发情母羊的输精部位是子宫颈口。

母羊的输精技术：将待配母羊保定好，首先将其外阴部用清水洗净、擦干，输精人员左手持开膣器，右手持输精枪（器），先将开膣器横向缓慢地插入阴道，然后将其竖起（指开膣器柄竖直向下），将开膣器轻轻打开，寻找子宫颈。如果打开开膣器后，发现有排尿表现或阴道内黏液过多，应将开膣器移出，等其排完尿或设法将黏液排净后，再将开膣器重新插入，寻找子宫颈口。羊的子宫颈突出于阴道内不长，仅有一点痕迹，子宫颈口的位置多偏于右侧。另外，子宫颈附近的黏膜颜色较深，打开阴道后，向颜色深的方向寻找子宫颈口，就可以顺利找到。找到子宫颈口后，用另一手将吸有精液的输精枪（器）的尖端小心地插入子宫颈内 0.5～1.0 cm 深处，徐徐注入精液，随之取出输精枪（器），接着取出开膣器。输精过程完毕。

注意问题：①在吸取或注入精液时，动作要轻缓，以减少对精子的机械刺激；②输精时，精液的温度不应低于 28℃，也不能超过 36℃，同时，输精所用器械的温度应与精液的温度相等或接近；③由于母羊子宫颈内的皱褶发达，插入输精枪（器）时较困难，可左右微微移动进入，不可强行进入，以免损伤组织，引发感染，甚至不孕；④所配母羊为处女时，由于阴道狭窄，影响开膣器的进入，只能对羊只进行阴道内输精，但每次至少要输原精液 0.2～0.3 ml；⑤输精后，为了防止精液倒流，应轻轻拍打母羊的后躯及外阴部；⑥输精后，输精所用的器械都要及时按消毒规程进行消毒灭菌处理。在生产中，若没有足量的备用器械，也可不经处理，而直接使用。但要用 96% 的酒精擦拭输精器械进行消毒，以防疾病的相互传染，在使用酒精棉球擦拭输精器械时，酒精棉球上的酒精不宜太多，而且擦拭方向只能是由后端向尖端进行，不能倒擦。擦拭完成后，要用 0.9% 的生理盐水棉球重新润洗、擦拭后，方可对下一只母羊进行输精。

## 六、妊娠诊断

在养羊生产实践中，简便而有效的早期妊娠诊断，是确定母羊是否已经妊娠，以便按妊娠母羊或非妊娠母羊对待，分群管理，以保证胎儿发育正常及减少母羊空怀的重要手段。同时，也可以通过妊娠诊断判定母羊是否妊娠，进而判断交配时间和配种方法是否合适，公羊的精液品质是否合格，也可以判定母羊的生育能力。

妊娠诊断的方法很多，但在使用时应掌握的原则是：准确率高，对母体及胎儿无影响，方法简便，易操作，费用低等。

### （一）外部检查法

母羊妊娠后，一般表现为周期发情停止，食欲增进，毛色润泽光亮，性情变得温顺，行动谨慎，放牧过程中常处在僻静处，并且不和其他未妊娠母羊挤着通过狭窄处，如圈舍门等。3~4个月后，腹围增粗，可见腹壁的右侧逐渐鼓起，乳房胀大。此时可在右侧隔着腹壁触诊到胎儿。触诊的具体操作方法是：

检查人员面向羊的后部，用双腿夹住羊的颈部进行保定，然后再用双手从左右两侧伸入腹下兜住羊的腹部前后滑动，触到有硬块，即为胎儿，有时还可摸到子叶，并且此时在母羊的右侧腹壁外还可听到胎儿的心音，则表明此羊已经妊娠。这种方法的缺点是不能早期诊断母羊是否妊娠，也不能确切地确定母羊妊娠的时间。

### （二）巩膜观察法

由于母羊妊娠后，体内激素的分泌发生变化，引起巩膜上的血管发生变化，依此可作为妊娠诊断的依据，其准确率可达到97%以上。具体检查方法是：

翻开待检母羊的上眼皮，观察巩膜上的血管，若瞳孔正上方的巩膜表面有三根竖立的较粗大的微血管充血，且突出于巩膜表面，呈紫红色，即是妊娠的征状。而空怀母羊的巩膜上没有这种现象，且其他微血管很细小，颜色呈淡红色。妊娠母羊的这种现象从妊娠开始一直持续到生产后1周，所以，可以作为早期妊娠诊断的一个重要方法。

### （三）直肠—腹壁诊断

小心将母羊进行仰卧保定，用肥皂水灌肠，排出直肠宿粪，然后，将涂有润滑剂的触诊棒（直径1.5 cm，长50 cm，前端为钝圆的弹头形、光滑的木棒或塑料棒。）插入肛门，贴近脊柱，向直肠内插入约30 cm，然后一手把直肠外端的触诊棒轻轻下压，使直肠一端稍稍挑起，以托起胎胞，同时用另一手在腹壁触摸，如果能触及块状实体，即为妊娠。如果摸到探诊棒，应再使触诊棒回到脊柱处，反复挑动触摸，若进行 2~3 次仍摸到触诊棒，即为未孕。此法检查配种后 60 d 的妊娠母羊，准确率达 95%，85 d 以后准确率可达 100%。

在应用此法检查时应注意：

（1）母羊在触诊前应停食一夜。

（2）配种已 115 d 以后的母羊要慎用此法。

（3）检查时，须注意防止触诊棒对直肠造成损伤。

**（四）阴道检查法**

当羊妊娠 3 周后，用开膣器打开阴道时，阴道黏膜为白色，几秒钟后，变为粉红色，即为妊娠。未孕母羊的阴道黏膜为粉红色或苍白色，由白变红的速度较慢。阴道收缩、变紧，插入开膣器时的阻力变大；阴道黏液量少，开始稀薄，20 d 后变稠，可以拉成线，则判定为妊娠。如果黏液量大而薄，流动性强，色灰白而呈脓样者多为未孕。

用开膣器打开阴道，进行妊娠诊断时应小心谨慎，以防阴道感染和造成流产。

**（五）激素反应法**

发情母羊配种 18~20 d 后，注射雌激素 1~2 mg，注射后 3~5 d 不发情者，即为妊娠。

**（六）激素含量测定法**

常测配种母羊的血浆中孕激素含量，以孕激素含量的高低判断妊娠与否。

# 第三节　接产与护理

产羔是养羊生产中的主要收获之一。在养羊生产过程中，要求羊群中达到繁殖年龄的母羊在配种季节全配、全生，更重要的是在分娩以前做好接产工作，使临产的母羊获得适当的管理，给予产后母羊和羔羊合理的护理和饲养，最后达到全活、全壮的目的。

# 一、产前准备

## （一）人员的准备

接羔是一项繁重而细致的工作。接产人员应选择有接产经验的人员来承担，新手应事先进行培训，以熟悉羊的分娩规律，严格遵守操作规程。

每群产羔母羊配备多少接产辅助劳动力，要根据羊群的质量、羊群大小、营养状况、是经产还是出产，以及接羔当时的情况而定。产羔母羊群的主管牧工和接产辅助人员应分工明确、责任落实到人。接羔期间，应认真负责，坚守岗位，杜绝责任事故发生。

母羊多数在夜间分娩，要做好值班工作。在助产时，接产人员及其辅助人员要做好自身防护工作，以防布鲁氏菌病的感染。

## （二）产房的准备

产房要求宽敞、明亮，清洁干燥，通风良好而无贼风。产房的墙壁及饲槽要便于消毒，褥草要柔软。在产羔前，一般为 3~5 d，要对产房的设施进行全面的消毒。为了使地面干燥，应撒生石灰进行吸水、消毒，然后铺上干净褥草。产房内的温度以 10~18℃ 为宜。

接羔室可分为大、小两处，大的一处放母子群，小的一处放初产母子。运动场可分成两处，一处圈母子群，羔羊小时白天留在此处，羔羊稍大时，供母子夜间停宿；另一处圈待产母羊群。

## （三）用具和药品的准备

在产房内要准备的用具和药品有：肥皂、毛巾、体温计、刷子、棉花、纱布、注射器、针头、听诊器、细绳、产科绳、大塑料布、照明设备、70% 酒精、2% ~ 5% 碘酒、0.1% 新洁尔灭和催产素、破伤风菌苗或精制破伤风抗毒素等。有条件的最好准备一套常用的产科器械及长乳胶手套。

### （四）待产母羊的准备

一般要在分娩前的 1 ~ 2 周将待产母羊转入产房，让母羊熟悉环境，安定情绪。对于被毛较长的山羊，为了防止羔羊出生后吃奶时影响吃奶和吃下脏毛，在产前 3 ~ 4 周就应剪去乳房和股内侧的羊毛，进入产房后的母羊，每天都要进行仔细检查，注意分娩预兆。

### （五）饲草、饲料的准备

在牧区，在产房附近，从牧草返青时开始，在避风、向阳、靠近水源的地方用土墙、草或铁丝网围起来，作为产羔用草地，其面积大小可根据产草量、牧草的组成以及羊群的大小等因素决定，但以能够满足产羔母羊一个半月的放牧时间为宜。

另外，应当为冬季产羔的母羊准备充足的干草、质地优良的农作物秸秆、多汁饲料和适当的精料；对春季产羔的母羊也应当准备至少可以舍饲 15 d 所需要的饲草饲料。

## 二、接产

### （一）临产前的征状

母羊临近分娩时，乳房胀大，用手挤时有少量黄色初乳，分娩前 2 ~ 3 d 更为明显；阴唇逐渐变松软、肿胀，并且体积增大，阴唇皮肤上的皱褶展平，并充血变红，从阴道内流出黏稠的液体；临产羊的荐坐韧带后缘变得非常松软，外形几乎消失，尾根两侧下陷，只能摸到一堆松弛组织，即通称的"塌窝"。行动困难，排尿次数增多，精神抑郁，起卧不安，时而回顾腹部，常独处于墙角卧地或离群寻找安静的地方，卧地时四肢伸直努责。有时四肢刨地，表现不安，精神不振，食欲减退，甚至停止反刍，不时咩叫。助产人员应随时观察母羊群，如出现上述现象，尤其是出现"塌窝"、努责、羊腹露出外阴部时，应立即将该母羊送进产房准备接产。

### （二）正产与接产技术

在一般情况下，母羊分娩可以自然产出，助产人员的主要任务就是在母羊迫近临产时，对外阴部进行清洗消毒，监视母羊的分娩情况，处理紧急情况，如难产助产、羔羊的护理。羔羊产出后，要立即进行断脐和消毒。

正常分娩的母羊，在羊膜破后 10~30 min，羔羊即产出，正常胎位的羔羊出生时，一般是头部和两前肢（即"三件"）先出。少数羔羊后肢先出。这时最好立即人工助产，以免因分娩时间过长而引起胎儿窒息死亡。

产双羔时，一般先后间隔时间在 5~30 min 或 1 h 以上，但也有间隔 10 h 以上的情况。因此，在接产时，当母羊产出一羔后，要认真检查是否完全产出。如见母羊表现仍不安宁，卧地不起，或起立后又重新卧下，并产生努责现象，可用手掌（手心向上）在母羊腹部前上方适当用力按压，若感到有硬而光滑的东西，则说明有羔羊没有产出，要耐心等待。对产双羔及多羔的母羊，在第二、第三、第四只羔羊产出时，母羊已疲乏无力，且胎位往往不正，多需助产。若母羊努责无力或不努责，但又确有羔羊未产出，可进行皮下注射催产素 2~3 ml。

羔羊产出后，要迅速及时地将羔羊口、鼻、耳中的黏液抠出，以免呼吸困难而窒息死亡，或吸入肺中而引起异物性肺炎。羔羊身上的黏液必须让母羊舔净，若母羊的恋羔性弱，可将胎儿黏液涂抹在母羊的嘴上，诱其舔食。母羊站起后，脐带可自然断裂，一般可不结扎，但须用 5%~10% 碘酊的或 5% 的碳酸氢钠液浸泡脐带消毒。如果脐带未断，可在脐带基部 8~10 cm 的部位，用手指向脐带两端挤去血液后拧断，或用剪刀剪断然后进行结扎，再用 5%~

10%的碘酊消毒。为了防止破伤风的发生，可以在羔羊出生后注射破伤风菌苗或精制破伤风抗毒素。

在天气寒冷时，如果母羊不舔舐羔羊，则需用柔软的干草迅速把羔羊擦干，以免受凉。如果分娩时间过长，可遇到羔羊假死的现象，要及时进行抢救，可将羔羊浸入40℃左右的温水中，同时按拍胸部两侧；若天气不是太冷，可提起羔羊的两后肢，使羔羊倒悬空，同时拍其背胸部，也可将羔羊卧平，用两手有节律地推压羔羊的胸部两侧。暂时假死的羊，经过以上任一种方法的处理后，即能复苏。在接产时，若胎儿的舌头明显发凉，则假死羔羊很少有复苏的希望。

难产与助产：母羊的难产较少，但初产羊出现难产的现象较多。一般在羊水破裂后20 min左右，若母羊不努责，胎膜也未出现，则应立即助产。助产的主要方法就是将胎儿强行拉出。助产人员先帮助母羊将阴门撑大，把胎儿的两前肢拉出来再送进去，重复2~3次，然后用手拉住两前肢，一手扶头，随羊的努责，慢慢向外将胎儿拉出，但不可用力过猛，以免引起子宫脱出。也可用两手指伸入母羊的肛门，隔着直肠顶住胎儿的头部，与子宫阵缩配合将胎儿拉出，只要不伤及产道，即可达到助产的目的。

在接产过程中，母羊出现难产的大部分原因是胎势不正，现分别列述胎势不正的类型及在接产、助产中的处理方法：

头出前肢不出：可能是膝部前置，或者肘部屈曲，也可能出一前肢弯一前肢。这时可将母羊的后躯垫高，将胎儿头部送回子宫内部，然后分别将前肢拉引到前面，操作时注意，不要让蹄尖碰到子宫，造成损伤。如果胎儿已死，头部过大或产道狭窄，则需将头部切断，肢解后取出。

前肢出头不出：头向后仰、下弯或头颈侧弯。如果经过时间短，则首先寻找头部，如膝已占据产道，则在蹄部先系上纱布，然后再送回子宫。头部位置轻度不正时，容易回复正常。如头部显著不正，则应将前肢尽可能地送回子宫深处，伸手探摸头部，用手将头部位置矫正到正常状态。再牵拉纱布，将矫正好胎位的胎儿随母羊的努责拉出。

前肢先出胎势上仰：可将胎儿两前肢用纱布系住，轻轻送回子宫，同时用手抓住两前蹄把胎儿转正，必要时可将母羊倒提起来，如果手滑，可在手上垫一块纱布，这样固定比较有力。如不矫正胎势，可在母羊努责时将胎儿向母羊尾根方向轻拉，也可获得成功助产的效果。

后肢先出胎势上仰：可利用上述方法将胎儿胎势回复正常，等到子宫颈口开张充分后，将胎儿拉出。

臀部先出：首先将手伸入产道深处，判定异常胎势，利用手指操作，把推回子宫的胎儿的胎势回复正常。

四肢先出：应先判断是单羔还是双羔。若是双羔的四肢，则需将其中一只羔羊推回子宫。待一羔拉出后，再拉另一羔。若是单羔，则应判断四肢中的前肢和后肢。可用以下两种方法处理，一种是将胎儿变成后肢前置，即保持后肢的纱布，前肢送回子宫，然后把胎儿拉出。另一种方法是将胎儿变成正生，即保持前肢的纱布，后肢送回子宫，然后随母羊的努责，轻轻地把胎儿拉出产道。

在助产中，无论何种情况的出现，要慎重、冷静，为防止在操作过程中对产道及子宫造成大的伤害，在操作前，要向产道内灌注大量的润滑剂，如灭菌石蜡油等。

难产的预防：难产不仅极易引起羔羊死亡，还会因手术不当而使母羊子宫和产道受到损伤和感染，轻则影响母羊的生产性能，造成不孕，重则可危及母羊的生命。因此，对难产要采取积极的预防措施。

要适龄配种，防止早配：母羊尚未达到体成熟而配种，容易发生骨盆狭窄，造成难产。难产现象在公、母羊混养的情况下较为常见，这是由于偷配而引起的早配。若人为地进行提前配种，则不易引发难产，因为在为羔羊进行配种时，是选择那些发育优良的母羊，并且在配种后的生长期内的营养水平较高，能使该羊的身体在妊娠时正常发育，因而不会因骨盆狭窄而造成难产。

加强怀孕期间的饲养管理：营养不良的母羊，即使怀孕，胎儿也不能正常发育。营养过于丰富和公羊体格过大，可能使胎儿过大，易造成难产。故应给予母羊合理的日粮，特别注意维生素、矿物质和微量元素的补给。

孕羊要有适当的运动：运动不足，会降低母羊的产力。适当运动可提高母羊对营养物质的利用，使胎儿活力旺盛，同时也可使全身及子宫的紧张性提高，从而降低难产、胎衣不下及子宫复位不全等的发病率。分娩时的子宫收缩有力，有利于胎儿转变为正常分娩的胎位和胎势，进而可顺利产出。

临产检查：临产检查应在母羊开始努责到羊膜漏出或排出胎水期间进行，过早难以确定胎位、胎势及胎向的正常与否，过迟则延误产出，造成难产。如果摸到胎儿是正生时，前置部分"三件"（唇和两蹄）俱全。或倒生时，前置部分为两后肢，而且正常，应让其自然娩出。若有异常，应根据情况立即进行助产。同时，在分娩过程中，要尽量做到环境安静，产房温暖。

## 三、产后护理

在分娩结束后，母羊身体的抵抗力较差，容易引起各种疾病，严重的还可能影响其生殖机能。而羔羊由母体环境进入外界环境，其生活条件发生了巨大的变化，消化器官的适应能力和抗病能力都很差。为了充分发挥母羊及羔羊的生产潜能，对产后母羊及羔羊进行周密、细致的护理是一项非常重要而又完全必要的工作。

### （一）新生羔羊的护理

对新生羔羊的护理原则是"三防""四勤"，即防冻、防压、防饿，勤检查、勤喂奶、勤消毒、勤治疗，以保证羔羊全产、全活、全壮。

新生羔羊脐断后，一般 1 周左右就干燥、脱落。在脐带脱落后，要注意观察脐带的变化情况，滴血或流尿现象，是血管闭锁不全或脐尿管闭锁不全而引起的，要及时进行结扎。同时要防止羔羊之间相互舔舐吮吸脐部，以免引起脐带感染发炎。

新生羔羊的体温中枢尚未发育完全，皮肤调温机能也较差，出生后 1~2 h 内体温要下降 2~3℃。因此，冬季和早春产羔时应特别注意新生羔羊的保温工作。羔羊不仅对低温很敏感，对高温也非常敏感，如出生后 2~3 日龄的羔羊在 38℃ 温度下只能存活 2 h 左右，因此，在炎热的夏季要注意防暑。

羔羊出生后，一般 10 min 左右就能自己站起来寻找乳头吃奶。此时应协助羔羊找到母羊的乳头，及时吃到初乳。初乳是指母羊产后 7 d 以内所产乳汁。初乳是新生羔羊获得抗体的唯一途径，初乳中含有大量的镁盐，可刺激羔羊尽早排出胎粪，初乳中还含有大量的维生素 A 及蛋白质，为羔羊提供充足营养，另外，初乳品质的降低速度很快，所以羔羊初生 3 d 必须吃到初乳，否则羔羊不易成活。

有的初产母羊，不认初生羔羊，甚至害怕羔羊；在多胎羔羊时，有的母羊偏爱其中一只羔羊，而不允许其他羔羊吮乳，造成羔羊生长速度不一，影响了生产。为了避免这一现象的发生，分娩时，要尽量不惊动母羊，羔羊出生后不要擦去头颈部和背部的胎水，让母羊舔干，以增强感情，并协助羔羊吮乳，要防母羊踢伤羔羊。为了使母羊认羔和让羔羊吮乳，可用短绳将母羊拴在木桩上，不让母羊乱跑，有条件的也可将母羊和羔羊放在狭窄的栏内，让母羊不能逃避，用人工帮助羔羊吮吸，一般经过 3~4 d，母羊即可认羔。

对失去母亲或母亲无奶的羔羊和因羔羊多而奶水不足的母羊的羔羊，可找保姆羊代哺或人工补乳。为使保姆羊接受羔羊，可将保姆羊的乳汁或尿液涂抹在羔羊身上，混淆气味，使母羊无法辨认，并在人工辅助下训练几次，保姆羊就逐渐接受羔羊吮乳了。若找不到保姆羊，可用牛奶、羊奶或奶粉等实行人工补乳，但一定要注意奶的浓度和严格消毒，同时要做到定时、定温（38~40℃）、定量。一般初生羔羊1~2日龄，每日喂奶6~8次，每次50 ml左右，以后逐渐增加，至7日龄时，喂奶次数可减少至4~5次/日，每日喂奶总量在1 kg左右。在喂奶时，若用奶瓶喂奶，不要让羔羊的嘴高于头部，以防奶灌入气管，造成羔羊死亡。所喂奶不可是过夜奶。如遇有拉稀，要及时减少喂奶次数和喂奶量，并及时进行治疗。

### （二）产后母羊的护理

母羊分娩后，产道黏膜受到损伤，为病原微生物的侵入创造了条件，机体的免疫力下降。只有加强对产后母羊的护理，才能使母羊尽快恢复正常，提高抵抗力。

分娩后前几天，要逐渐增加饲料的种类及饲喂量，并给以多汁饲料，味甜饲料，但精料（尤其是豆饼、粕）的喂量不应突然增加，以免造成消化不良。

分娩后，要随时观察母羊是否有胎衣不下。一般母羊分娩后2~3 h内排出胎衣，若超过4 h仍没有将胎衣排出，要及时向兽医人员报告，进行治疗。

分娩后，母羊一般出现口渴现象，在产前要准备好新鲜清洁的温水，以便母羊产后及时补充水分，为了增强食欲及消化机能，可在水中加入少量的食盐和麸皮。

对于母羊产后，乳汁分泌不足的现象，可采用以下几种方法进行催乳。

喂粥料法：据实验，喂粥料的产奶量可比喂干湿料的提高13%。粥料的加工方法是，先用少量水将粉状精料冲稀，待锅内水沸腾后倒入，充分搅动，防糊，5~10 min即可停火，放温备用。冬季，料水比例为1：（10~15）；夏季，料水比例为1：（20~30）。

精料中可加入少量食盐，重量为精料重的1%~2%。

喂发酵秸秆法：用玉米等秸秆发酵后喂哺乳母羊，可显著增加适口性，提高产奶量。发酵方法是，将经过破碎处理的玉米秸秆铡成2~3 cm长，并与其他干杂草均匀混合，每50 kg加入食盐0.3~0.5 kg，水70~80 kg，冬天用热水，夏天用凉水，拌匀后装入池中踏实，然后盖上塑料膜，用砖块压严四周，上面再盖上草，24~48 h后，待温度升至40℃时，揭开，降温后，即可投喂。

喂人用生乳灵：剂量为人用量的5倍，连喂2~3次。

用王不留行、天花粉各36 g、藜芦25 g，僵蚕20 g，猪蹄或胎衣等动物蛋白质，煮烂后，混入饲料中，分两次进行投喂。

炒棉籽饼压成粉状，加黄酒调服，占精料量的5%~7%。

### （三）新生羔羊疾病的防治

1. 脐带出血

羔羊出生后，有的肺脏膨胀不全，或心脏卵圆孔封闭不全，使心脏机能发生障碍，影响脐静脉封闭，因而引起脐带出血。也有因剪刀剪断脐带时，剪刀口血液凝固不全而引起出血的。在生产上，为了降低该疾病发生的几率，主张断脐时用手将脐带拧断或掐断。该病若不及时治疗，往往会因流血过多而使羔羊死亡。在治疗时，一般要重新结扎脐带，并把脐带断端浸泡于碘酊中数分钟，若脐带断端过短，血管缩至脐孔内，可先用无菌纱布填塞，再将脐孔缝合。

2. 脐带炎

一般羔羊断脐后2~6 d就会干缩脱落，但如在断脐后消毒不严，或羔羊所处环境脏，或被尿液浸润，或羔羊相互吮舐均可引起感染。患病时，表现精神沉郁，食欲减退。触诊时，脐部表现疼痛，并在脐部可感到有笔秆粗索状物，脐孔红肿，挤压时有脓汁流出。如有坏疽时，脐带断端湿润，有脓汁并恶臭。对脐部无坏疽的病例，可彻底消毒患部，并在脐孔周围注射青霉素，如有脓肿，应切开脓肿部，撒以磺胺粉，并以锌明胶绷带保护。对脐带有坏疽的病例，要将坏死组织切除，消毒后，用碘溶液、石碳酸或硝酸银进行腐蚀涂抹，肌注抗生素。

**3. 便秘**

新生羔羊，出生后 1 d 不排出胎粪，便是便秘。当羔羊出现便结时，表现出弓背、不安、努责，前蹄刨地，后蹄踢腹，回顾腹部，继而不吃奶，肠音消失，全身无力，常卧地不起。对便秘的治疗可采用温肥皂水或油剂灌肠，或灌服蓖麻油、液态石蜡等缓泻剂。为了防止羔羊便秘的发生，羔羊出生后要及时吃到初乳，或将油灌入直肠。

**4. 羊的补饲**

羔羊出生后 1 周开始学吃嫩叶和饲料。两周后，完全依靠母乳已不能满足生长需要，所以，羔羊出生后 10~14 d 起应补料。即将品质优良的干草扎成草把，悬挂，让羔羊自由采食。精料要磨碎，为了增加羔羊的食欲，可将精料炒熟并在料内加入一定量的食盐和骨粉。料型使用湿料。另要准备水槽及盐槽，让羊自由饮水和啖盐。1 月龄后，应喂给羔羊一定量的胡萝卜，常拌入精料中，共同喂给羔羊。

羔羊期，是饲料利用率最高的时期。提早羔羊的开食，对培育羔羊极为重要，一方面是减少母乳供应，更重要的是有助于羔羊的心、肺和消化器官的发育，同时又缩短羊的饲喂周期。

羔羊的断乳：发育正常的羔羊，正常情况下，3~4 月龄已能大量采食牧草，此时就可以断乳。对发育较好的羔羊的断乳时间可以适当提前。

开始断乳时，每天早晨和晚上仅让母羊和羔羊在一起哺乳两次。以后增加羔羊的饲喂次数和减少哺乳次数，一般经过 7~10 d 就可以完全断乳。逐渐断乳，可以防止母羊患乳房炎，对羔羊的发育也有利。

断乳后，必须经常检查母羊的乳房，对过于膨胀的乳房，及时挤奶，以防止引起乳房炎。要少饲喂能促进乳汁分泌的多汁饲料，可适当降低母羊的营养水平，使之尽快干乳。但干乳后，应提高母羊的营养水平，进行抓膘，为下一个繁殖周期打下基础。

# 第四节　冷冻精液在青山羊生产中的应用

精液的冷冻保存是人工授精技术的一项重大革新，是提高优良种公羊利用率的重要手段，是山羊繁殖改良的一项重要新技术。一方面，它解决了精液长期保存的问题；另一方面，它打破了精液受时间、地域和种公羊生命的限制，便于开展地区与地区之间、国家与国家之间的协作，最大限度地提高优良种公羊的利用率，同时加速了品种育成和改良的步伐。

## 一、冷冻精液的制备

精液冷冻保存的冷源：冷冻精液在制作和贮存期间所用的冷源是液氮，其沸点是-196℃，是一种无色、无味、无毒的液体，渗透性很弱，本身无杀菌能力，但在密闭的空间内含有大量的气态氮，有窒息的危险。使用过程中，要防止冻伤，所以，在将冻精取出或放入液氮罐时，要穿戴手套。由于液氮的沸点很低，要将液氮罐放在阴凉处，以防液氮蒸发过快。

冷冻精液的剂型：作冷冻保存的精液均需按头份进行分装，分装的方法不同，形成不同的剂型。生产中常用的剂型有两种：细管型冻精和颗粒型冻精。

细管型冻精：细管是由无毒塑料（聚氯乙烯）制成。常有 1.0 ml、0.5 ml、0.25 ml 3 种型号。目前多用的是 0.25 ml 的微型细管。它的优点是：精液受温均匀，冷冻和解冻迅速；易于标记；输精时操作方便；规格一致，便于批量生产；体积小，便于贮存；精液与外界不接触，使用时安全。缺点是：在制作时，所用设备较多；对封口要求严格，封口不好，在解冻时易破裂。

颗粒型冻精：即将稀释处理后的精液直接滴冻成颗粒。其优点是制作方法简单，所用设备少。缺点是易被污染；不易标记，且精球的规格及品质不一。

羊精液的冷冻保存技术程序是：采精→精液的品质检查→稀释、分装→平衡→检查冻前活力→冻结→抽样解冻并检查活力→保存→解冻。

1. 采精与精液的品质检查

首先将种公羊阴茎口周围的羊毛剪去，洗净包皮口，再进行采精。在采精过程中，要尽量做到不污染精液。据测定，采用一次两采（间隔 $10 \sim 15$ min）的精液质量较好。采精后，要对精液的体积、色泽、pH 值及精子的活力、密度、畸形率等进行检查。

2. 精液冷冻稀释液

羊的冷冻稀释液多采用葡萄糖、乳糖、果糖、蔗糖、卵黄、甘油、二甲基亚砜（DMSO）、青霉素、链霉素等。常用稀释液有以下几种（表5-2）：

表5-2 山羊、奶山羊精液冷冻稀释液配方

| | | 山羊 | | 奶山羊 |
| --- | --- | --- | --- | --- |
| | | 果—乳—卵—甘液 | 葡—柠—甘液 | 乳—蔗—卵—DMSO 液 |
| 基础液 | 蒸馏水（ml） | 100 | 100 | 100 |
| | 葡萄糖（g） | — | 1.0 | — |
| | 乳糖（g） | 10.5 | — | 6.5 |
| | 柠檬酸钠（g） | — | 1.34 | — |
| | 果糖（g） | 1.5 | — | — |
| | 蔗糖（g） | — | — | 6.5 |

（续表）

| 稀释液 | | 山羊 | | 奶山羊 |
| --- | --- | --- | --- | --- |
| | | 果—乳—卵—甘液 | 葡—柠—甘液 | 乳—蔗—卵—DMSO 液 |
| | 基础液（容量%） | 80 | 82 | 74 |
| | 甘油（容量%） | — | 8 | — |
| | DMSO（容量%） | — | — | 6 |
| | 卵黄（ml%） | 20 | 10 | 20 |
| | 青霉素（IU/ml） | 1 000 | 1 000 | 1 000 |
| | 链霉素（μg/ml） | 1 000 | 1 000 | 1 000 |

3. 精液的稀释

精液的稀释常采用一次稀释法和二次稀释法。

一次稀释法：此法常用于制作颗粒冷冻精液。近年来，也用于细管冻精的制作，就是将含有甘油的稀释液按比例要求一次加入。

二次稀释法：为了减轻甘油对精子的危害，常先在 25～30℃下，以不含有甘油的第Ⅰ液稀释至最后倍数的一半，然后经 1～1.5 h 缓慢降温至 5℃，再用含有甘油的第Ⅱ液同温条件下做第二次稀释，达到最后要稀释的倍数。

一般，在对山羊的精液进行稀释时，由于稀释液中含有甘油，所以多采用二次稀释法。稀释的倍数，不同的品种要求不一，山羊精液一般不超过 1：3。

4. 平衡

进行第二次稀释后，在 5℃的条件下，经过 2～4 h（以 2 h 最为适宜）的甘油平衡，使精子有了一段适应低温的时间，甘油充分渗入精子细胞内，达到了渗透的活性平衡，也就产生了保护作用。

5. 冻精的制备方法及保存

（1）细管冻精的制作方法。制作细管冻精所用的细管，在使用前，要印上种公羊的名称和采精时间，并用紫外线照射进行消毒。

制作时，细管的一端填充两层棉塞（棉塞之间夹有一层聚乙烯醇粉末，粉末遇水后即可固化封口，形成栓塞，以供输精时推动精液）；从另一端注入所规定量的精液后，可蘸入管内 5 mm 聚乙烯醇粉末或用塑料珠封口。封口处要与精液之间留有 10~13 mm 的空间，供冷冻膨胀时利用。

封口后放入 5℃的环境中，使之缓慢降温至 5℃，平衡时间是 2~4 h（最适时间为 2 h）。

需要注意的是，在制备细管冻精时，稀释后的精液平衡过程是在分装以后进行的。

冻结方法：将制备好并经过平衡的细管单层放在纱网上，置于距液氮面 2~3 cm 处，停留 7~8 min，最后放入液氮中（这时的液氮是指在冷冻之前，由液氮罐倒入广口容器的）。

进行抽样检查合格后，将广口容器内的细管冻精转移到液氮罐中贮存。

（2）颗粒冻精的制作及保存。颗粒冻精的制作是在精液进行二次稀释、平衡后，直接进行滴冻的。

冻结方法：先将液氮倒入广口容器内，使液面距容器口 1~2 cm，将一铝饭盒盖或钢筛网放在容器口上，预冷几分钟，使其温度保持在-100~-80℃，将平衡后的精液滴在铝饭盒盖上。在滴冻时，点滴要均匀，每一滴的剂量约为 0.1 ml。停留 2~4 min 后，待精液冻结，颜色变白时，可用干净的药匙将精液刮起，收集于纱布袋中，抽检合格后转入液氮罐进行贮存。为了便于使用，要在每个纱布袋上作出标记，以记录种公羊的名称及采精时间。

6. 精液的解冻

精液的解冻方法很多，不同的剂型有不同的解冻方法。不同的解冻方法，解冻后的精液输精效果也不一样。因为精液的解冻过程与冷冻过程一样影响精子的活力，所以，精液的解冻方法是使用冷冻精液不可忽略的环节。在解冻时，必须慎重考虑精液的解冻温度与解冻方法。

目前，解冻温度有冰水解冻（0～5℃）、温水解冻（30～40℃）和高温解冻（50～70℃）。在实践中，30～40℃的温水解冻较为安全，解冻的效果也较好。事实上，利用75℃高温经12 s的快速解冻效果更好，解冻后，精子的活力高，受胎率高。但在解冻时要细心，因为用75℃高温进行解冻，当冷冻精液有1/2融化时就应立即取出备用。千万不可完全融化后再取出备用，因为水温太高，对精子的杀伤力非常大。另外，冷冻精液在解冻后，要进行镜检，合格后方可输精。一般要求冷冻精液解冻后的精子活力不得小于0.35，才能作为输精用精。

细管型冻精的解冻：可将细管型冻精直接投入35～40℃温水中，待精液融化一半时，立即取出备用。也可将细管型冻精放在内衣口袋内，以人的体温进行解冻，直到开始输精时取出。

颗粒型冻精的解冻：颗粒型冻精的解冻方法有干解法和湿解法两种。

干解法：是先将灭菌小试管置于35～40℃水中，进行恒温1～2 min，投入冻精颗粒，摇动至完全溶化，同时加入1 ml 20～30℃的解冻液。

湿解法：是将1 ml解冻液装入灭菌小试管内，放入35～40℃的水中进行恒温2～3 min，再投入1～2粒颗粒冻精，摇动至融化，取出使用。

无论是采用干解法或是湿解法，在解冻后要进行镜检，合格后方可输精。另外，解冻后要及时输精，输精操作一般要在2 h以内完成。在生产中，进行冻精解冻，不同的稀释液要有相应的解冻液。若解冻后立即进行输精，可以用2.9%的柠檬酸钠液替代专用解冻液进行解冻。

## 二、冷冻精液配种的操作规程

对发情母羊，利用冷冻精液进行配种时的方法及操作注意事项在前面的有关章节已有表述，但较散乱，为了系统全面地掌握本项操作技术，在此进行较为系统地归纳和总结。

### (一) 器械的消毒

配种前的 1 d，必须对输精器械按肥皂水→清水（至少 3 次）→消毒的顺序认真地清洗，并消毒。这样，既能彻底清除输精器械的油垢，又能保证输精器械上没有碱性余液，进而可以顺利地对之进行彻底消毒。对输精器、试管、镊子、白瓷杯等器械的消毒，一般用消毒槽（锅）进行煮沸 15 min，然后放入烘箱内烘干，保存；对开膣器、方盘等用火焰消毒，消毒完毕的开膣器用无菌纱布包裹待用；纱布、毛巾等用高压蒸汽消毒，消毒完毕后，连同开膣器、方盘一起放入烘箱内烘干备用。对配种当时输精后复用的输精器械，要用酒精棉球由后端向尖端擦拭，擦拭完后再用生理盐水或稀释液进行冲洗多次，待酒精完全挥发干净后，方可复用。

### (二) 预配母羊的发情鉴定

对预参加配种的母羊，要坚持"先试情，后配种"的原则。

### (三) 解冻

#### 1. 绝对避免冻精回温

液氮罐内的液氮量不可过少，消耗多时，要及时添加。贮存冻精需要向另一容器转移时，冻精在外界停留的时间不能超过 5 s。取放冻精时，不要把盛放冻精的提筒提到灌口之外，只能提到灌颈基部，如经 15 s 没有取完，应将提筒放回，经液氮浸泡之后再继续提取。取冻精的镊子要在液氮罐口处预冷。

#### 2. 解冻

细管冻精解冻时，将细管的封口端向上，棉塞端向下，放入 40℃温水中 10~15 s，待管内颜色一变，立即取出备用。颗粒冻精解冻时，首先将小试管用 2.9% 的柠檬酸钠液进行润洗后，尽量倒净，放入 40℃ 的温水中进行恒温 2~3 min，将颗粒冻精投入试管中，迅速均匀地摇动，不可用力甩动，当冻精颗粒融化至米粒大小时，取出试管，双手搓动，利用搓手所产的热将冻精完全融化。在解冻时，解冻技术非常重要，要准确掌握解冻的温度及解冻速度。要求解冻速度越快越好，同时解冻终温度要适宜（28~36℃）。

3. 解冻后精子的活力

低于 0.35 者弃去不用。

**（四）输精**

总的要求是"适时、适深、慢插、轻注、稍站"10 字方法，从输精时间上讲，从解冻到输精完毕，每只羊要在 10 min 内完成。

（1）在横杠式输精架上保定好母羊，用 0.1% 的高锰酸钾擦净外阴，擦洗用的纱布每次使用后必须用该液消毒，再用清水洗净、晾干备用。

（2）输精时，按常规方法用开膣器将阴道打开。开膣器插入阴道深部后，稍向后拉，便于子宫的开口处于正常位置。开膣器的开张幅度要小（2~3 cm），以免给母羊造成过大的应激，引起母羊努责，增加找子宫颈口的困难。

（3）输精必须输到子宫颈内（1~2 cm）。给发情母羊输精时，输精部位越深，母羊的受胎率越高。在输精时，遇到输精器进入子宫颈深部困难的情况，可轻轻抖动或转动输精器的尖端，就可加大输精的深度。要有耐心，不可马虎。

（4）每羊每次解冻 1 支精管或 2 精球，要一次性输入。间隔 8~12 h，进行第二次输精，剂量同第一次。处女羊的输精量加倍。

（5）输精瞬间，缩小开膣器的开张程度，减少刺激，并向外拉出 1/3，使阴道前端闭合，更容易输精。输精后，稍微转动输精器，同时抽出。

（6）输精完毕，观察子宫颈口有无精液流出现象。倒流严重者应重配。然后让参配母羊就地站立 10~20 min，再将之赶走。

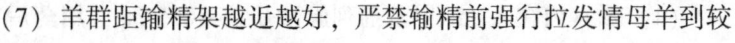

（7）羊群距输精架越近越好，严禁输精前强行拉发情母羊到较远的地方配种，以免降低受胎率。

（8）有的母羊妊娠后仍出现发情，在输精时，如发现阴道干燥，子宫颈外口紧闭，应停止输精，重新检查，以防误配，造成母羊流产。

# 第五节 繁殖新技术在青山羊生产中的应用

现代化养羊业的一个突出特点，就是在繁殖周期的各个阶段，利用激素，人为地加以控制，通过冷冻精液、同期发情、超数排卵、胚胎移植和诱发分娩等先进新技术，快速、高效地提高羊的繁殖性能，从而获得最大的经济效益。但是，任何先进的繁殖技术也不能替代优良的饲养管理条件。另外，在应用的繁殖新技术中，要用到大量的激素，因此，要了解和掌握各种激素的作用机理和羊应具备的生理条件。滥用激素，随意加大剂量或增多投药次数，不仅不能获得预期的效果，反而会造成不良后果。

## 一、同期发情

同期发情又称为同步发情，是指利用某些激素制剂人为地控制和调整母羊发情周期的自然进程，使母羊群在预定的同一时间内同时发情的一种方法。由于同时发情，就可同时配种，这样就缩短了母羊的配种季节，便于人工授精技术的推广。由于同时配种，母羊分娩的时间也相对集中，也对羊的管理带来了方便。

### （一）促进黄体退化法

其方法的实质是人为地缩短黄体期，使母羊的发情期提前。常用的药品是：前列腺素（$PGF_{2\alpha}$）、氯前列烯醇或 15-甲基前列腺素。常用方法有：

（1）子宫内注入 15-甲基前列腺素 0.25~0.5 mg，用药后 2~3 d 内多数被处理的母羊发情。此药也可用于肌注，用量不变。但不如子宫内注药效果好。

（2）每只待处理母羊肌注氯前列烯醇 0.4~0.5 ml，隔 9~11 d 再注 0.4~0.5 ml。在注射完第二次氯前列烯醇 55~57 h，每只羊肌注促排 3 号（LRH-A$_3$）30 μg，立即给处理母羊输精一次，便能获得较好的同期发情、同期受胎的效果。为了提高受胎率，第一次输精后 8~12 h 再输精一次。此外，也可在注射氯前列烯醇前 1~2 d（或注射后 4 h），每只羊皮下注射 400~750 IU 的孕马血清促性腺激素（PMSG），同期发情效果也较好。

**（二）孕激素处理法**

其方法的实质是人为地延长黄体期，使母羊的发情期推后。常用的孕激素类药物及每只羊的用量为：孕酮 150~300 mg、18-甲基炔诺酮 30~40 mg、甲孕酮 40~60 mg、氟孕酮 30~60 mg、甲地孕酮 80~150 mg。

用孕激素类药物处理母羊的方法有口服、肌注、皮下埋植和阴道栓塞等，在此以皮下埋植和阴道栓塞法为例进行介绍。

1. 皮下埋植法

先用套管针刺破羊的耳背皮层，使套管针与背面呈较为水平的角度，避开血管，紧贴皮肤，向耳根部徐徐刺入 3~4 cm，然后退出 1 cm 左右，取出管芯，将盛有 18-甲基炔诺酮的多孔药管放入套管内，再用套管针芯将药管推入皮下，取出套管。一般埋植 6~9 d，在除去药管同时（0 d）或除去药管前 2 d，每千克体重分别注射孕马血清促性腺激素（PMSG）15 IU，同期发情率达 98% 左右。

2. 阴道栓塞法

用消过毒的海绵或泡沫塑料做成长、宽、厚均为 2~3 cm 的方块，将溶入植物油中的孕激素吸附于海绵或塑料块中，每个海绵或塑料块中间拴一细绳，再用长镊子，借助开膣器将它塞入母羊的阴道深部子宫颈口处，放置14~16 d取出。细绳的另一端留在羊的阴门外，以便停药时拉出阴道栓。阴道栓取出后，立即注射孕马血清促性腺激素（PMSG）400~750 IU，2~3 d后，母羊便可发情。在取出阴道栓后48 h输精一次，隔8~12 h再输精一次。据测定，在取出阴道栓55~57 h给母羊进行一次输精，其效果与两次输精效果一致。如果在第一次输精前能再注射促排3号（LRH-A₃）30 μg，受胎率就会更高。

## 二、诱导发情

诱导发情，是指母羊在乏情期内，人工利用外源性激素，引起母羊的正常发情和配种的一项技术。在生产上为了使母羊一年两产或两年三产，就必须缩短母羊的繁殖周期，其主要措施就是利用诱导发情技术。

对季节性乏情母羊的处理方法是：连续12~16 d给母羊注射孕酮，每次的剂量为10~12 mg，接着在1~2 d内一次注射孕马血清促性腺激素（PMSG）750~1 000 IU，便可引起母羊发情并排卵。为了方便，可把肌注孕酮的方法改为阴道栓塞法处理母羊。

## 三、超数排卵

应用外源性促性腺激素诱发卵巢多个卵泡发育，并排出多个具有受精能力的卵子的方法，称为超数排卵，简称"超排"。是在动物发情周期的适当时期，利用外源性促性腺激素对雌性动物卵巢进行处理，诱发其卵巢上大量卵泡同时发育并排卵。

在母羊发情周期的适当时间，肌注促性腺激素，如促卵泡素（FSH）和促黄体素（LH）、孕马血清促性腺激素（PMSG）和人绒毛膜促性腺激素（HCG），使卵巢中比在自然情况下有较多的卵泡同时发育成熟并排卵。超数排卵多用在提高羊的产仔数和胚胎移植上。当用在提高羊的产羔数方面时，不可超排过多，否则会造成妊娠困难和羔羊成活率低。

超数排卵的处理方法：成年母羊在预定发情到来之前的 4 d，即发情周期的第十二天或十三天，肌注孕马血清促性腺激素（PMSG） 750～1 000 IU，出现发情后或配种当日肌注人绒毛膜促性腺激素（HCG） 500～750 IU，即可达到超数排卵的目的。

当用促卵泡素代替孕马血清促性腺激素，用促黄体素代替人绒毛膜促性腺激素时，其用法为：在发情周期的第十二天或第十三天时，开始注射促卵泡素，按每天上下午各注射一次，剂量为 4～5 mg/次，连注射 3 d，在发情当日或配种日注射促黄体素 100～150 IU。

也可以在发情周期的第十天左右开始用递减法注射 FSH，日注射 2 次，连续注射 4 d，总量为 320～400 IU。开始注射后的第三天（或 48 h）肌内注射 $PGF_{2\alpha}$ 2～4 mg。

## 四、诱发分娩

诱发分娩就是指利用某种激素制剂，在妊娠的末期，诱发孕羊在比较确定的时间内提前分娩。诱发分娩有利于高度集约化大规模的生产体制中有计划地生产，有计划地组织人力、物力，可减少或避免新生羔羊和孕羊在分娩期间可能发生的伤亡事故。另外，诱发分娩的母羊是在特定的时间分娩，所以，可以避免孕羊的夜间分娩，便于安排人员进行护理。

山羊在妊娠 144 d，肌内注射前列腺激素 $PGF_{2\alpha}$ 20 mg 或地塞米松 16 mg，多数在 32～120 h 内分娩，而不注射上述药物的羊，197 h 后才产羔。

## 五、胚胎移植

胚胎移植是从一只母羊（供体）的输卵管或子宫内取出早期胚胎移植到另一只母羊（受体）的相同部位，即输卵管或子宫内，让其妊娠，使胚胎进一步发育成胎儿，直到产出。胚胎移植也称作"借腹怀胎"。此技术要结合同期发情、超数排卵等技术共同进行。利用胚胎移植技术可迅速增加繁殖性能优良的品种的后代，扩大纯种羊的数量。

# 第六节　提高繁殖力的措施

羊繁殖力的高低与养羊效益的关系极大，而羊繁殖力的高低是受多方面因素影响的，其中以羊的品种、繁殖年龄、饲养管理水平、配种的方法，以及配种技术水平的高低等为主。所以，我们应当掌握先进的饲养管理技术及繁育技术，才能最大限度地提高羊的繁殖力。

## 一、影响精液品质的因素

在影响羊的繁殖力的诸多因素中，给发情母羊的配种方法及配种技术是非常重要的，而在配种方法及配种技术中，精液的品质占有举足轻重的地位，所以研究影响精液品质的因素，对提高羊的繁殖力是一个关键。

### （一）温度对精子生存的影响

温度对精子的代谢、运动、存活等都具有明显的影响。离体精子在相当于体温（39℃）的环境中能保持正常运动，但只能存活几小时。随着温度的升高，精子的存活时间缩短，当高于50℃时，便迅速死亡。在低温环境中，精子的存活时间延长，但在降温时要缓慢，否则，会引起精子的冷休克，使精子不再具有受精能力。

### （二）酸碱度（pH 值）对精子生存的影响

精子的最适生存酸碱度在 pH 值等于 7.0 左右，无论 pH 值变小、变大都会影响精子的生存。当酸性增加时，精子的活动减弱，所以精子的生存时间延长，当精液的碱性增强，精子的活动增强，精子的生存时间就缩短，这里所说的无论是酸性还是碱性增强，只是在小范围内发生变化。如果酸性或碱性过大，均会引起精子的急速死亡。羊的精液最适 pH 值为 7.0~7.2。

## （三）渗透压对精子生存的影响

精子只有在等渗环境下才能生存，保持正常的形态及受精能力。如果在配制稀释液时，所配的稀释液的浓度不当，就会引起精子的运动、形态发生变化。如果镜检时发现精子内部膨胀，尾部卷曲，有时呈现后退运动，则可能是所配稀释液浓度偏低；若所配稀释液浓度偏高，在镜检时，则可以看到精子内部皱缩，尾部呈锯齿状弯曲，同时表现出精子运动缓慢。在一般情况下，精子受高渗液的影响小于低渗液的影响，所以，在人工授精技术操作中，应避免将水混入精液中。所用的稀释液与精液必须等渗。

## （四）药品及其他物质对精子生存的影响

凡消毒品，均对精子有杀伤作用。所以，所有与精液直接接触的输精器既要保证无菌，又要保证无消毒剂的残留。有挥发性或特殊气味的药品也可以对精子产生伤害，如来苏尔、酒精等。在为环境消毒，特别是对采精室消毒时及消毒后，不能立即在采精室进行采精。同理，采精场地应当远离兽医门诊及药房。精液在进行质检及贮存时，要有专门实验室。此外，煤烟、纸烟对精子也有危害，因此，采精室及精液化验室禁止吸烟，禁止在采精场附近焚烧树叶、废纸等，不可用燃煤的方法进行室内保温。

## （五）光照对精子生存的影响

精子对直射光反应敏感，因为直射光中的紫外线和红外线剂量较大。直射光的照射，会缩短精子的寿命，损伤其受精能力。散射光对精子的影响较小。因此，应在室内进行精液的处理，且精液应当存放在有色器皿中，避开阳光直射。

### （六）金属离子对精子生存的影响

Fe 离子和 Cu 离子对羊，特别是对绵羊的精子的毒性较大。在生产中，尽量不要让精液直接和这类金属进行接触，以免降低精子的受精能力。

## 二、提高繁殖率的措施

### （一）选择繁殖性能强的公、母羊作种用

羊的繁殖力受遗传因素的影响较大，同一品种内，个体之间的繁殖性能有着明显的差异。对种公羊来说，同一品种不同个体之间的差异主要表现在：射精量、精液的品质、配种能力及受胎率等多方面。在选择种公羊时，应首先考虑其祖先的生产性能，然后对其本身有关繁殖性能方面作全面检查。如睾丸是否匀称，是否有单侧或双侧隐睾现象；阴茎形态是否畸形，阴茎勃起时能否伸出包皮；公羊的性反射时间；性欲的强弱及精液的品质等，最后，要通过后裔测定，对所选种公羊的繁殖性能及生产性能做出客观、直接的评价。对母羊的选择，要注意性成熟的早晚、发情排卵状况、受胎率的高低及产羔率，也可根据祖先的繁殖性能作初步判定。

在对良种进行选择的同时，为了提高羊的繁殖能力，还要做好淘汰工作。对一些屡配不孕、羔羊成活率低、多胎羊种产羔少的羊，最经济有效的办法就是及时淘汰。

### （二）科学的饲养管理

科学的饲养管理是保证羊具有高繁殖力的基础。任何先进的繁殖技术都不能代替良好的饲养管理。对于种公羊，在全年均衡合理的饲养条件下，从配种前的 1~1.5 个月开始加强饲养管理，可以预防羊的繁殖力下降，在配种期，种公羊就能保持良好的体况和旺盛

的性欲。对于配种母羊，在配种前的 1~1.5 个月，如能有充足的放牧时间及良好的放牧质量，再加上从配种前的 20 d 起，每天补饲一定量的精料，可使配种羊群发情整齐、排卵多、受胎率高等。所以说，"羊满膘，多产羔"，这句话是非常有道理的。

无论是公羊，还是母羊，有良好的膘情是提高繁殖力的一个重要条件。但这也不是说越肥越好。如果膘情过好，对公羊来说，可引起性欲低下，精液品质差，配种能力差等；对母羊来说，可引起不发情、不排卵或排卵数目少等，和"人胖儿女稀，鸡肥不产蛋"这句话是同一道理。因此，对种公羊和配种母羊来说，为了提高繁殖力，达到中等膘情即可。

为了提高羊的繁殖力，对羊的饲草饲料也有一定的要求。豆科和葛科牧草，既影响了公羊的性欲、精液品质，又可干预母羊的发情周期，还可引起流产，因此，对种羊要尽量不用或少用。有农药残毒、除草剂和霉变的牧草、饲料，可以影响精子的形成、卵子和胚胎的发育。因此，在种羊饲养过程中应避免使用。

### (三) 实行羔羊早期配种

近年来的许多研究表明，实行羔羊早期配种是提高羊繁殖力的一项重要条件。因为它可使母羊一生中多产一次羔，还可以及早地通过其繁殖，发现和选定优良的种用个体，缩短世代间隔，加快羊群遗传改良的进展。当公羊体重达到成年体重的 50% 以上时，也可以进行早期配种。在利用时，要选择生长发育好，阴茎和睾丸发育正常的公羔，并且其配种任务要小。

### (四) 做好发情鉴定和适时配种

在生产过程中，羊的发情季节到来后，尤其是对全年发情的羊，要搞好发情鉴定，不能漏配或错配。对已漏配的母羊，要及时补配，争取 45 d 内配种并妊娠，即错过一个发情周期，在第二个发情周期内一定要配种成功。为了提高受胎率，要采用二次输精法，即在第一次输后的 8~12 h 进行第二次输精，不仅可以提高受胎率，而且还可以增加母羊的产羔率。

适时配种，对于非季节性发情和使用激素诱导发情，开展二年三产的母羊来讲，要尽量把其中两次配种时间安排在较为适宜的季节里，否则，其中两年多产一次羔的收效，就会因配种季节安排不当而使繁殖力大为降低，其结果往往得不偿失。在配种时机上，根据羊的年龄不同，其排卵时间不同，发情持续时间长短也不一样，因而配种时机的掌握上也不一致。一般经验是"老配早，少配晚，青年配中间"。意思是，给老母羊配种，应在发情后提早配种；小母羊的配种时间稍推后；青年母羊不提早配也不晚配。

### （五）推广应用繁殖新技术

繁殖新技术在公羊上的应用是大力推广人工授精技术，以便能使优良公羊品种的生产性能充分发挥，提高羊的繁殖力。繁殖新技术应用在母羊身上是用来提高繁殖率，主要表现在：利用孕激素、前列腺类及其类似物，配合使用孕马血清促性腺激素或促排3号等制剂，控制母羊的发情及排卵，不仅可以使母羊能够按照人们的意愿同期发情和排卵，还能使母羊多排卵，受胎率和产羔率都得到提高。另外，还可以利用地塞米松等制剂进行诱发分娩，使孕羊可以分期分批产羔，大大提高接羔、育羔的水平，羔羊的成活率也就相应地得以提高。

### （六）减少死胎和防止流产

胚胎的死亡和流产是影响产羔率和繁殖力的一个很重要的因素。

胚胎死亡的原因比较复杂，是由精子异常、卵子异常、激素失调、子宫疾病及饲养管理不当等引起的。因此，必须适时、正确地输入高品质的精液，加强饲养管理，尤其是必须注意妊娠羊的营养水平和各成分的均衡性等。在分娩过程中，采取必要的措施缩短分娩时间，做好接产，也可以减少胚胎的死亡。

### （七）控制繁殖疾病

控制公羊的疾病可以提高公羊的交配能力和精液品质，最终提高母羊的配种受胎率和繁殖率；对母羊的繁殖疾病，总的有三大类：卵巢疾病、生殖道疾病和产科疾病。它们可影响母羊发情、排卵、胚胎的发育与成活，更严重的情况下，可引起母羊和羔羊的死亡。因此，控制母羊的繁殖疾病，对于提高繁殖力具有重要意义。

### （八）防治家畜不育

对于遗传性、衰老性及先天性不育的种羊应尽早淘汰；对于营养性和利用性不育的种羊，应加强饲养管理，合理利用；对于疾病性引起不育的种羊，要加强治疗，尽快恢复繁殖力。

# 第六章  济宁青山羊疾病防控

羊病是威胁羊健康高效养殖的又一重要因素，特别是在现代交通发达、从业人员交流增多的形势下，疫病更易流行和暴发。羊病的种类很多，原因复杂，如不能及时预防、诊治，常造成疾病传播、羊只死亡，给羊养殖人业者带来严重的损失，也会影响公共卫生，对人类健康构成威胁。因此，羊场要结合自身实际，本着预防为主，防治结合的原则，建立疫病防控体系，形成完善的动物防疫制度，及时预防和诊治羊病，确保羊只健康及其产品的食用安全。

## 第一节  疫病防控体系的建立

### 一、规模化养羊业的饲养及疫病流行特点

#### （一）规模化、集约化生产导致疾病更容易暴发和流行

目前，一般养羊企业出栏肉羊少则几千头，多则过万头或几万头，羊数量的增加，导致疫病在羊群中传播流行的速度增快。同时，在生产中逐步应用各种养羊设备对羊实行高密度大群饲养，高密度集约化饲养，使羊彼此间距离变小，接触频繁，一些接触传播性疫病的传播变得极其容易，那些在传统养羊业中不易流行的疫病常常暴发流行。

## （二）规模养殖分段式的饲养工艺流程

在一条生产线上，母羊在配种车间、妊娠车间、产羔车间中不停地流转，羔羊则沿着产羔车间→保育车间→育成车间→肥育车间流动。与传统养羊业相比较，规模化养殖的羊在生产中的流动性大为增加，不同来源、不同年龄的羊群之间的疫病水平传播的可能性增大，在各群体中蔓延流行的速度也增快了。另外，许多养殖场采用流水式连续生产方式，各个阶段不能做到彻底空栏、清洗、消毒，使得病原微生物在羊群中持续传播，毒力增强，流行趋势越来越强。

## （三）各级羊养殖场品种要求良种化，羊只流动性大

为提高经济效益、加快羊的生产，各级羊养殖场均采用繁殖性能优良，生长速度快，生产性能高的优良品种羊。但是，当前我国的良种繁育体系建设比较滞后，许多繁育场羊群健康水平不高，羊群来源也不固定，多途径购买羊，又缺乏必要的隔离检测手段，使得不同地域间、不同繁育体系间疫病的传播越来越容易。同时，不断地混群导致群体中相互斗殴增多，无疑使羊的应激性增高，从而使得那些敏感羊的内分泌发生异常，抗病力大大下降。

## （四）环境条件达不到饲养要求

在高密度集约化饲养条件下，为了保证羊群的正常生产，必须有效地控制羊舍内的环境，诸如温度、湿度、光照、灰尘和有害气体浓度、病原微生物数量等。羊舍内环境的这些条件一旦达不到要求，极易损害羊的健康，降低其抗病力，病原体将易于侵入羊体而使疫病发生和流行。另外，规模化羊场既要防止污染的环境对自身的危害，还要解决好环境的污染问题。一个羊场的羊粪尿，加上废弃的垫料、饲料残屑及冲洗栏舍的污水，这些污染物如何实行无害化处理，是每一个羊场面对的难题。一旦处理不当，就会对人类的生存环境造成巨大的破坏，还会成为有害生物的滋生地、栖息地，

也给防疫带来了无穷的隐患。

### （五）饲料供应不足，冬春尤其匮乏

规模化养羊业特别是肉羊生产，为了追求高效益，均采用了繁殖性能优良、生长速度快、瘦肉率高、胴体品质好的标准化高效品种和杂交品种，为了保证羊的这些优良品质得到充分发挥，必须供应充足的优质饲料和选择适宜的饲料配方，按照营养标准对羊群实行标准化的饲养。然而，在我国，天然草场改良、人工草场的建设起步较晚，农副产品不能很好地加工处理、科学利用，多数羊场又受到饲料市场不规范的困扰，饲料供应常不能满足生产的需要，这不仅影响了生产的正常进行，也使得一些非传染性疾病和一些条件性病原体所致疫病极易发生与流行。

### （六）缺乏高素质的兽医专业技术队伍

规模化养羊业是吸纳了大量先进的养羊技术，采用了全新的养羊工艺设备的高新技术密集型产业，缺乏熟悉规模化养羊疾病防治的兽医技术人员是突出的问题，因此，培养和训练一支高素质的兽医技术队伍成了当务之急。

## 二、规模化养羊业综合性防疫体系的建立

建立科学的、合理的、适宜的规模化肉羊业综合性防疫体系必须以兽医流行病学、家畜传染病学的基本理论为指导，依据《中华人民共和国动物防疫法》等兽医法律、法规的要求和养羊生产的规律性，结合当地生态环境条件，在日常生产中全面系统地对羊群实行可靠的保健和疫病管理措施。主要包括：场区建设与隔离、环境卫生与消毒、科学免疫接种、定期杀虫与灭鼠、合理使用药物预防、加强检疫与监测、正确诊断与治疗疾病、疫情扑灭等基本内容。

### （一）场区建设与隔离

将羊群控制在一个有利于防疫和生产管理的范围内进行饲养的

方法称为隔离。隔离是国内外普遍采用的最有效的基本防疫措施之一。

1. 场址选择

场址的选择要求地势高，供电和交通方便，背风向阳，利于排污和污水净化，较为偏僻易于设防的地区。更为重要的是要考虑到羊场卫生防疫的问题，必须有一个安全的生物环境，应远离各种动物的饲养场及其产品加工厂。

2. 场内布局

羊场内按功能可划分为三区，即生产区、生活区、管理区。场内三区应严格分隔开来，一般来说生活区应建在生产区的上风处，管理区应建在生产区下风处。生产区内不同的羊群应实行隔离饲养，相邻羊舍间也应保持相应距离。

3. 隔离设施

场区外围，特别是生产区外围应依据具体条件使用隔离网、隔离墙、防疫沟等建立隔离带，以防止野生动物、家畜家禽及外人进入生产区内。生产区只能设置一个专供生产人员及车辆出入的大门，一个专供装卸羊的装羊台；此外还应在生产区下风向处设立病羊隔离治疗舍、尸体剖检及处理设施等。

4. 全进全出生产系统

从防疫的要求出发，在生产线的各主要环节上，分批次安排羊的生产，做到全进全出，使每批羊的生产在时间上拉开距离以进行隔离，可以有效地切断疫病的传播途径，防止病原微生物在群体中形成的连续感染、交叉感染，也为控制和净化疫病奠定了基础。

5. 隔离制度

为了使隔离措施得以贯彻落实，必须依据企业具体条件制定严格的隔离制度。其要点应含以下几个主要方面：本场工作人员、车辆出入场（生产区）的管理要求；对外来人员、车辆出入场（生产区）内的隔离规定；场内羊群流动、羊出入生产区的要求；生产区内人员流动，工具使用的要求；粪便的管理要求；场内禁养其他动物及禁止携带动物、动物产品进场的要求；患病羊和新购入羊的隔离要求等。

### （二）环境卫生与消毒

1. 环境卫生

加强羊场环境清洁，净化周围环境，减少病原微生物滋生和传播的机会，是控制疾病发生的一项重要措施。对羊的圈舍、活动场所及用具等，经常保持清洁、干燥；粪便及污物做到及时清除，并堆积发酵；防止饲草、饲料发霉变质，保持新鲜、清洁、干燥；保证饮水卫生等。

2. 消毒

消毒是采用现代化或生物学手段杀灭和降低生产环境中病原体的一项重要技术措施，其目的在于切断疫病的传播途径，防止传染性疾病的发生与流行，是综合性防疫措施中最常采用的重要措施之一。

消毒分类：

（1）日常消毒。也称预防性消毒，是根据生产的需要采用各种消毒方法在生产区和羊群中进行的消毒。主要有日常定期对栏舍、道路、羊群的消毒，定期向消毒池内投放消毒剂等；临产前对产房、产栏及临产母羊的消毒；人员、车辆出入栏舍、生产区时的消毒等；饲料、饮用水乃至空气的消毒；医疗器械，如体温表、注射器、针头等的消毒。

（2）即时消毒。亦称为随时消毒，是当羊群中有个别或少数羊发生一般性疫病或突然死亡时，立即对其所在栏舍进行局部强化消毒，包括对发病或死亡羊的消毒及无害化处理。

（3）终末消毒。也称大消毒，是采用多种消毒方法对全场或部分羊舍进行全方位的彻底清理与消毒，主要用于全进全出系统中，当羊群全部自栏舍中转出空栏后，或在发生烈性传染病的流行初期和在疫病流行平息后，准备解除封锁前均应进行大消毒。

常用消毒方法：

（1）物理消毒法。主要包括机械性清扫刷洗、高压水冲洗、通风换气、高温高热（灼烧、煮沸、烘烤、焚烧等）和干燥、光照（日光、紫外线光照射等）。

（2）化学消毒法。采用化学消毒剂杀灭病原是消毒中最常用的方法之一。使用化学消毒剂时应考虑病原体对不同消毒剂的抵抗力，消毒剂的杀菌谱、有效使用浓度、作用时间、对消毒对象及环境温度的要求等。

（3）生物学消毒法。对生产中产生的大量粪便、粪污水、垃圾及杂草等用发酵法，利用发酵过程所产热量杀灭其中的病原体，是各地广泛采用的方法。可采用堆积发酵、沉淀池发酵、沼气池发酵等，条件成熟的还可采用固液分离技术，并可将分离之固形物制成高效有机肥料、液体经发酵后用于渔业养殖。此外在搞好羊舍内外环境卫生消毒的同时，在场区内适度种植花草树木，美化环境。

消毒设施和设备：消毒设施主要包括场和生产区大门的大型消毒池、羊舍出入口的小型消毒池、人员进入生产区的更衣消毒室（有条件的可建立淋浴更衣室）及消毒通道，消毒处理病死羊尸体的尸体坑，粪污消毒处理的堆积发酵场、发酵池等。常用消毒设备有手动、电动、机动喷雾器，高压清洗机、高压灭菌容器、煮沸消毒器、火焰消毒器、粪污的固液分离器等。

消毒程序：全进全出系统中的空栏大消毒的消毒程序可参考以下步骤：清扫→高压水冲洗→喷洒消毒剂→清洗→熏蒸→干燥（或火焰消毒）→喷洒消毒剂→转进羊群。消毒程序还应根据自身的生产方式、主要存在的疫病、消毒剂和消毒设备设施的种类等因素因地制宜地加以制定。有条件的羊场还应对生产环节中的关键部位（如住房）的消毒效果进行检测。

消毒制度：按照生产日程、消毒程序的要求，将各种消毒制度化，明确消毒工作的管理者和执行人，对使用消毒剂的种类及其使用浓度、方法，消毒间隔时间和消毒剂的轮换使用，消毒设施设备的管理等，都应详细加以规定。

### （三）科学免疫接种

使用疫（菌）苗等各种生物制剂，在平时对羊群有计划地进行预防接种，在可能发生或疫病发生早期对羊群实行紧急免疫接种，以提高羊群对相应疫病的特异性抵抗力，是规模化羊场综合防疫体系中一个极为重要的环节，也是构建养羊业生物安全体系的重要措施之一。由于地区差异及疫病发生的情况不尽相同，免疫程序的制定应有的放矢，针对当地的气候环境条件、疫病发生规律、检疫监测结果，在实践中探索，不断总结经验制定出适合本地、本羊场的免疫程序。主要加强羊梭菌性疾病、炭疽病、链球菌病、支原体性肺炎、大肠杆菌病、布鲁氏菌病、破伤风、羔羊痢疾等疾病的预防接种。

### （四）定期驱、杀虫与灭鼠

**1. 驱虫**

在规模化饲养条件下，寄生虫病对羊生产的影响日渐突出，经营者必须重视驱虫工作。规模化羊场的驱虫工作，应在对本场羊群中寄生虫流行状况调查的基础上，选择最佳驱虫药物、适宜的驱虫时间，制定周密的驱虫计划，按计划有步骤地进行。驱虫时必须注意在用药前和驱虫过程中加强该羊舍环境中的灭虫（虫卵），防止羊的重复感染。

**2. 杀虫**

规模化羊场有害昆虫主要指蚊、蝇等媒介节肢动物。杀灭方法可分为物理学、化学和生物学方法，物理学方法除捕捉、拍打、粘附外，电子灭蚊灯在羊场中有一定的应用价值。化学杀虫法则是使用化学杀虫剂，在羊舍内进行大面积喷洒，向场区内外的蚊蝇栖息地、滋生地进行滞留喷洒。生物学灭虫法的关键在于环境卫生状况的控制。

### 3. 灭鼠

灭鼠法可分为生态学灭鼠法、化学灭鼠法和物理学灭鼠法。由于规模化羊场占地面积大、羊高度密集,采用鼠夹、鼠笼、电子猫等物理法灭鼠效果较差,多不采用,主要采用前两种方法灭鼠。在有鼠害的羊场,应在对害鼠的种类及其分布和密度调查的基础上制定灭鼠计划。为了能有效地控制鼠害,应动用全场工作人员,人人动手,摧毁其室外的巢穴,填埋、堵塞室内鼠洞,破坏其生存环境,同时使用各类杀鼠剂制成毒饵后在场区外大面积投放。场外可使用快效杀鼠剂,一次投足剂量;场内可使用慢效杀鼠剂全面投布,对鼠尸应及时收集处理。

### (五) 合理使用药物预防

规模化羊场除了部分传染性疫病可使用免疫注射来加以防治外,许多传染病尚无疫苗或无可靠疫苗用于防治,一些在临床上已有发生而不能及时确诊的疫病可能蔓延流行,一些非传染性的疫病、群发病也可能大面积暴发流行,均使得在临床上必须采用对整个羊群投放药物进行群体预防或控制。

### (六) 加强检疫与监测

对羊群健康状况的定期检查、常见疫病及日常生产状况的资料收集分析,监测各类疫情和防疫措施的效果,对羊群健康水平的综合评估,对疫病发生危险度的预测预报等都是检疫与疫病监测的主要任务,在规模化养羊业防疫体系中甚为重要,也是当前各规模化羊场防疫体系中最薄弱的环节。

### 1. 检疫

兽医人员应定期对羊群进行系统的检查,观察各个羊群的状况,大群检查时应注意从羊的外表、动态、休息、采食、饮水、排粪、排尿等各方面进行观察,必要时还应抽查羊的呼吸、脉搏、体温三大指标。对羊群还应检查公、母羊的发情、配种、怀孕、分娩及新生犊羊的状况。对获取的资料进行统计分析，发现异常时要进一步调查其原因，作出初步判断，提出相应预防措施，防止疫病在羊群中扩大蔓延。

2. 尸体剖检

尸检是疫病诊断的重要方法之一，在羊场应对所有非正常死亡的成年羊逐一进行剖检，新生羊、哺乳犊羊、育成羊发生较多死亡时也应及时剖检，通过剖检判明病情，以采取有针对性的防治措施，临床尸检不能说明问题时，还应采集病料作进一步检验。

3. 疫病监测

（1）实验室检验。可用于规模化肉羊业的实验室检验方法甚多，但目前最受养殖场关注的当属主要传染性疾病的抗体水平监测。通过抗体水平的检测，在评价免疫注射的质量、免疫程序的制定、羊群中潜伏的隐性感染者的发现、疫病防治效果的评估等诸多方面都具有极高价值。

（2）其他监测。对规模化肉羊业的其他各项措施如消毒、杀虫、灭鼠、驱虫、药物预防与临床诊断等方面的效果进行检测，最佳防治药物的筛选等，都可进一步提高防疫质量。而对羊舍内外环境如水质、饲料等检测也都有益于羊场的疫病防治。

（3）疫病统计资料的收集与分析。通过对羊群的生产状况如繁殖性状、生产肥育性状资料，疫病流行状况如疫病种类、发病率、死亡率、防疫措施的应用及其效果等多种资料的收集与分析，以发现疫病变化的趋势，影响疫病发生、流行、分布等因素，制定和改进防疫措施。通过对环境、疫病、羊群的长期系统的监测、统计、分析，对疫病进行预测预报。

（七）正确诊断与治疗疾病

兽医技术人员应每日深入羊舍，巡视羊群，对羊群中发现的病例均应及时进行诊断治疗和处理。对内、外、产科等非传染性疾病的单个病例，有治疗价值的及时地予以治疗，对无治疗价值的应尽快予以淘汰。对怀疑或已确诊的常见多发性传染病病羊，应及时组织力量进行治疗和控制，防止其扩散。

### （八）疫情扑灭

当发现有新的传染病，如口蹄疫等急性、烈性传染病发生时，应立即上报疫情，划定疫区，并对该羊群进行封锁，并组织力量尽快扑灭。病羊可根据具体情况或将其转移至病羊隔离舍进行诊断和治疗，或将其扑杀焚烧和深埋；对全场或局部栏舍实施强化消毒；对假定健康羊进行紧急免疫接种；生产区内禁止羊群调动，禁止购入或出售羊，当最后一头病羊痊愈、淘汰或死亡后，经过一定时间（该病的最长潜伏期）无该病新发病例出现时，再进行全面消毒后方可解除封锁。

## 三、羊场粪尿无害化处理

我国羊养殖业已逐渐向规模化、产业化方向发展，由此带来如何处理大量集中产生的粪尿、污水等废弃物的问题。如不加处理或处理不当则会对周围环境造成严重污染，并威胁到羊场本身的持续发展。同时，粪尿及污水中含有大量的营养物质，经过无害化处理后，可以变废为宝，具有良好的经济与生态效益。

### （一）规模羊场粪尿产生与利用

我国近十几年来羊养殖业发展迅速，羊肉产量以每年25%以上的速度递增。农区羊养殖从过去的分散、少量饲养发展为专业户、村、场的规模化养殖，规模化养殖的发展带来了一系列新的问题，粪尿及废弃物的处理即是其中重要问题之一。

1. 粪尿无害化处理的意义

在规模化羊场中，由于粪尿等废弃物产量大且集中，过去传统的用作肥料的方法难以有效地解决这一问题，一方面是由于化肥的大量使用和粪肥的应用不方便，另一方面则是由于粪尿产生量超出了周围农田的承受能力。

大量的粪尿、污水如不能及时处理则会对周围的土壤和水源造成污染。在羊粪尿及污水中含有大量氮、磷、钾、氯、钠及一些金属元素。此外，还含有大量的病原微生物和寄生虫卵。在正常情况下，土壤与水均具有一定的自净能力，当进入少量的污染物质时，土壤与水质可通过自净作用将污染消除，而不至于产生危害，但当进入上述系统的污染物量较大时，超出了其自净能力则会造成环境污染。粪尿与污水的随意大量排放会造成水质有机物质含量过高、富营养化、生化需氧量与化学耗氧量严重超标，并易发生生物性污染，造成传染病的发生。粪尿大量排入土壤后，由于土壤的自净过程缓慢，土壤系统的生态平衡恢复过程较长，发生污染后易对人畜造成一些间接的危害。上述污染的产生极易造成畜产公害，不仅危害到周围的环境，影响到人们的健康与生活质量，并且还会危及羊场自身的可持续发展。因而，规模化羊场粪尿及污水的无害化处理有着重要的生态意义。同时，粪尿及污水经过无害化处理还具有一定的经济用途，也具有一定的经济效益。

2. 羊粪尿的特点

羊所排粪尿量较大，粪便中富含粗蛋白、粗纤维、粗脂肪、无氮浸出物、灰分等营养物质。上述化学成分的含量受羊日粮营养水平、粪便管理与处理方式及饲养管理方式等因素的影响，就鲜粪而言，水分含量较少，全氮（N）、全磷（P）、全钾（$K_2O$）等有机质丰富。

### （二）粪尿无害化处理

粪尿的恰当处理是规模化羊场的必由之路，可以化害为利、变废为宝。

1. 粪便的处理与利用

粪便的利用途径主要有 3 种：用作肥料、用作沼气发酵和用作再生饲料。

（1）用作肥料。

直接施用（土地还原法）：新鲜羊粪可直接施入农田，每亩地可施鲜粪20t。但用鲜粪施肥时，粪便施用后应立即翻耕，使之埋入土中，不致造成污染。

腐熟堆肥法：将羊粪与作物秸秆按一定比例混合后，在好气微生物的作用下，将有机物质分解，在此过程中放出的热量可杀灭粪便中的病原微生物、寄生虫卵等，并可提高肥效。

具体制作时将羊粪与垫草（麦秸或玉米秸）按一定比例混合（1∶1.5），水分控制在40%左右。在向阳、干燥地面上挖纵横交叉的小沟，沟宽深各约15 cm，在沟上用树枝等铺垫，然后用玉米秸竖立于堆底，将混匀的粪便与垫料逐层向上堆起，堆起后用稀泥密封，泥稍干后将玉米秸抽出形成通风口，15～20 d即可发酵腐熟完毕。

药物处理：在钩虫病及血吸虫病流行的地区，可用药物对粪便进行处理，50%敌百虫每100 kg粪便2 g处理1 d，或加1.5%尿素处理1 d，1%硝酸铵处理3 d。

（2）用作生产沼气。沼气是利用厌氧菌（主要为甲烷菌）对粪尿进行厌氧发酵，腐熟完毕其主要成分为甲烷（60%～70%）与二氧化碳（25%～40%）。

利用羊粪生产沼气时，氨碳比应控制在1∶25左右，发酵后的残渣还可作为饲料再行利用。粪便经沼气发酵后，经约60%的碳素转变为沼气，而氮素则少有损失。沼气产生的适宜温度为35℃、pH值6.4～7.2。

2. 微生物处理

利用微生物分解污水中的有机物质，使污水达到净化的目的。处理方法有好气处理与厌气处理，后者需要时间较长。

（1）生物曝气法。设置一个塘或水渠，将经过物理处理后的污水导入，用设在池水表面的曝气机向塘内污水充入氧气。一般塘深3～4 m，污水需在塘内处理10～30 d。这种充气生物塘（渠），设施简单、无臭味，效果较好。

（2）生物过滤处理。池内装有用碎石、炉渣、焦炭或轻质塑料板、蜂窝纸等构成的滤料层，污水通过布水器导入，经滤料层的过滤及附着在滤料层上的微生物的分解作用，使污水中的有机物质降解达到净化目的。

3. 利用鱼塘处理

将经过物理处理的污水放入鱼塘，污水中细小的固体颗粒可作鱼的饲料，污水中的营养物质可为藻类的生长提供养分，经鱼塘净化处理后的水可用于灌溉农田。

# 第二节　羊常见疾病防治

## 一、羊传染性脓疱病（羊口疮）

羊传染性脓疱病又称"羊口疮"，俗称口疮，也叫传染性脓疱性皮炎，是由传染性脓疱病毒引起的急性接触性传染病。主要感染绵羊和山羊。羊口疮主要危害羔羊，其特征为口、唇等部位的皮肤和黏膜形成丘疹、脓疱、溃疡及结成疣状厚痂。该病为人畜共患病。世界上几乎所有养羊的国家和地区都有该病的存在。

### （一）流行特点

该病主要传染源为病羊和其他带毒动物。自然感染主要因购入病羊或带毒羊而传入健康羊群，或者是通过将健羊置于曾有病羊用过的厩舍或污染的牧场而引起。感染羊无性别、品种差异，绵羊和山羊均可感染。以 3~6 月龄羔羊发病最多。成年羊同样可被感染，但很少发病。人和猫也可感染。该病主要通过皮肤或黏膜擦伤而感染，一年四季均可发生，以秋季多发。由于病毒抵抗力较强，一旦感染该病，在羊群中可连续危害多年。人多因与病羊接触而感染。

## （二）症状

该病潜伏期4~7 d，临床上主要有3种病型，也偶见有混合型。

唇型：此型是最常见的病型。病羊的口角、上唇或鼻镜上先发生散在的小红点，很快即形成麻子大的小结节，继而发展成水痘或脓疱，脓疱破溃后形成黄色或棕色的疣状结痂。如为良性，1~2周内痂皮脱落恢复正常。严重病例，患部波及整个唇部、面部、眼睑和耳廓等部位，发生丘疹、水疱、脓疱、痂垢，并互相融合，涉及整个口唇周围及颜面、眼睑和耳廓等部位，形成大面积龟裂和易出血的污秽痂垢，痂垢下伴有肉芽组织增生。整个嘴唇肿大外翻呈桑椹状突起，严重影响采食。病羊日趋衰弱而死。病程长达2~3周。同时常有个别病例继发化脓病原菌和坏死杆菌等感染，引起深部组织的化脓和坏死。口腔黏膜也常受侵害，有时仅见黏膜病变。黏膜潮红增温，在唇内面、齿龈、颊部、舌及软腭黏膜上发生被红晕所围绕的灰白色水疱，继之变成脓疱和烂斑，或愈合而康复，或恶化形成大面积溃疡，且往往有坏死杆菌等继发感染，发生伴有恶臭的深部组织坏死，有时甚至可见部分舌的坏死脱落。少数严重病例可因继发肺炎而死亡。通过病羔羊的传染，母羊的奶头皮肤，也可能和唇部皮肤同样患病。继发感染可能蔓延至喉、肺以及第四胃。

蹄型：此型几乎仅出现在绵羊，常在蹄叉、蹄冠或系部皮肤上形成水疱或脓疱，破裂后形成溃疡。病羊表现跛行，长期卧地，有的可能在肺脏、肝脏和乳房中发生转移病灶，严重者常因衰竭或败血症死亡。

外阴型：此型较少见。病羊有黏性和脓性阴道分泌物。在疼痛肿胀的阴唇和附近皮肤上发生溃疡，乳头、乳房的皮肤上（多系病羔吃乳时传染）发生脓疱、烂斑和痂垢。公羊阴鞘口和阴茎上发生肿胀，有的出现小脓疱和溃疡。单纯的外阴型病症很少有死亡。

## （三）病理病变

可见患部细胞肿胀，表皮增厚2~3倍，表皮细胞空泡变形，细胞浆内有大小不等的嗜酸性包涵体。

上述的三种病型中，可以单独发生，也可以混合发生。

人工感染在接种该病病毒后第三天，在上皮细胞浆内可见于球形或卵圆形的包涵体，直径为 4~8 μm。

### （四）诊断

该病的确诊，除根据流行特点、临床症状和剖检病变外，还需进行实验室诊断。可直接分离培养病毒，显微镜检查包涵体以及对病料进行负染色直接进行电镜观察。还可用血清学方法诊断。

鉴别诊断：该病应与羊痘、坏死杆菌病、口蹄疫、溃疡性皮炎、蓝舌病加以区别。

羊痘：痘病出疹多为全身性的，且体温升高，全身反应严重，结节呈圆形凸出表面且界线明显，后呈脐状，痂皮典型而坚硬，不传染人。

坏死杆菌病：主要表现为组织坏死，无水疱、脓疱的病变，也无疣状增生物，必要时应作细菌学检查和动物试验进行区别。

口蹄疫：口蹄疫病可感染多种偶蹄兽，可感染猪，而羊传染性脓疱病不感染猪，少感染牛。口蹄疫病无有明显的年龄差异。发病率高，死亡率低，没有继发肺炎的病症。

溃疡性皮炎：也是一种病毒性传染病。从病理学上看，传染性脓疱的损害是增生性的，而溃疡性皮炎的损害是溃疡和组织破坏。传染性脓疱主要危害羔羊，而溃疡性皮炎则是一岁以上或成年羊的疾病，并且对口的损害发生在颌和上唇（在唇边缘与鼻孔之间，不累及唇连合），腿的损害也常发生在蹄冠和趾间隙之间，其上覆厚痂，无凸起，痂皮下呈现坏死溃疡。由于引起该病病毒不同，利用交叉免疫可以区分。

蓝舌病：蓝舌病病变出现于口角部并可延伸到口腔黏膜，有较严重的全身反应，病死率高，是由吸血昆虫传播的，发病率比传染性脓疱低。

## （五）防治

**1. 预防**

（1）严禁从疫区引进羊或购入饲料、畜产品。对引进羊必须隔离观察 2～3 周，多次检疫，并对蹄部彻底清洗和消毒，证明无病后方可混入大群羊饲养。因该病主要由创伤感染，在采取综合防治措施的同时，应保持羊皮肤黏膜不发生损伤，尽量清除饲料或垫草中的芒刺和异物，并加喂适量食盐以减少啃土、啃墙。

（2）在该病流行的地区，用羊口疮弱毒疫苗进行免疫接种。

（3）发现病羊及时隔离治疗。被污染的草料应烧毁。圈舍用具用 10% 的石灰乳或 2% 氢氧化钠或 20% 热草木灰水消毒。相关人员在接触病羊时，应注意个人防护，以免经损伤的皮肤感染。

（4）加强饲养管理，保持羊圈清洁卫生，做到冬保温、夏防暑，提高羊的抗病能力，减少该病的发生。

**2. 治疗**

对病羊治疗可先涂以水杨酸软膏将痂垢软化，除去痂垢，用 0.2%～0.3% 高锰酸钾冲洗创面或用浸有 5% 硫酸铜的棉球擦掉溃疡面上的污物，再涂以 2% 龙胆紫或碘甘油（用 5% 碘酊加入到等量的甘油）或土霉素软膏，每日 1～2 次；对蹄部病患可用 5% 甲醛溶液将蹄部浸泡 1～2 min，连泡 3 次。也可用 3% 龙胆紫溶液或 1% 苦味酸溶液或土霉素软膏涂拭患部。同时配合抗菌素治疗，防止继发细菌感染而使该病复杂化。对不能吃草的羊进行补液疗法，减少死亡和经济损失。

# 二、山羊痘

山羊痘是由山羊痘病毒（Goat pox virus）引起的一种急性热性接触性传染病。

## （一）流行特点

该病通常侵害个别羊只，在冬末春初呈地方性或广泛性流行。

它主要通过呼吸道感染，也可经损伤的皮肤和黏膜侵入机体。该病只能使山羊感染，绵羊不感染。气候严寒、雨雪、霜冻、枯草季节、饲养管理不良等因素都可以促进发病和加重病情。山羊痘较为少见。

（二）症状

发病初期羊体温升高达 39.5~41.5℃，精神沉郁、拱背、发抖、轻咳、结膜潮红；有的呆立或卧地不起，从鼻孔流出浆液性、黏液性、脓性分泌物，呼吸、脉搏增速；少数羊食欲下降、饮水量减少，多数羊采食、饮水停止。2~4 d 后，病羊全身皮肤，特别是乳房、阴门、口唇、四肢内侧等少毛或无毛区，出现黄豆或蚕豆大小的红斑，并发展成凸出于皮肤表面的实硬丘疹；有的羊病变部丘疹相互融合，使皮肤凹凸不平。若加强饲养管理和对症治疗，无继发感染，病羊体温逐渐转向正常，食欲逐步恢复，以痊愈转归；若体况较差，饲养管理不良或继发感染，可引起死亡。

（三）病理变化

病死羊体明显消瘦，体表皮肤呈典型的痘疹病理变化，气管、支气管黏膜上有浅灰色小结节并附有浓稠黏液，肺有干酪样结节和卡他性肺炎区。

（四）诊断

该病的确诊，除根据流行特点、临床症状及剖检病变外，还需进行实验室诊断。

鉴别诊断：该病应与羊传染性脓疱病加以区别，后者发生于绵羊和山羊，主要在口唇和鼻周围皮肤上形成水疱、脓疱，后结成厚而硬的痂。

（五）防治

1. 预防

（1）加强羊的饲养管理，羊圈要保持干燥清洁，抓好秋膘，做好防寒过冬工作。

（2）定期注射疫苗，将羊痘鸡胚化弱毒疫苗用生理盐水 25 倍稀释，摇匀，不论羊大小，一律皮下注射 0.5 ml。注射后 6 d 产生免疫力，免疫期为一年。

2. 治疗

（1）局部疗法。皮肤上的痘疹可用 2% 来苏尔或 1% 醋酸洗涤；有溃疡时可用 1% 硫酸铜或 0.1% 高锰酸钾冲洗后，涂以碘酊或龙胆紫药水处理。黏膜上的痘疹可用 0.1% 高锰酸钾或龙胆紫或碘甘油或抗生素软膏处理。

（2）为防止并发症，用青霉素或链霉素肌注，每日 2 次。

（3）免疫血清治疗，每只大羊皮下注射 10～20 ml，小羊减半即可。

## 三、口蹄疫

口蹄疫又称"口疮""蹄癀"，是由口蹄疫病毒引起的一种偶蹄动物易感的急性、发热性、高度接触性传染病。其特点是口腔黏膜、蹄部和乳房皮肤形成水疱和溃烂。

### （一）流行特点

口蹄疫病毒能侵害多种（33 种）动物，而以偶蹄兽为最易感染。在流行中牛最易感染，而绵羊、山羊次之，各种偶蹄兽及人也具有易感性。病畜或带毒畜是主要传染源。传播途径是直接接触或间接接触，通过消化道、呼吸道、黏膜和皮肤感染。该病传染性很强，一旦发生往往呈流行性。该病的发生和流行具有明显的季节性，在牧区多为秋末开始，冬季加剧，春季减轻，夏季平息。农区发病基本相似，以寒冷季节最易发。病畜是主要的传染源。发病初期的病畜是最危险的传染源，因为病状出现后的头几天，排毒量最多，毒力最强。病牛排出病毒量以舌面水疱皮为最多，每 100 g 水疱皮中可达 $10^{11}$ 个感染单位，其次为粪、乳、尿和呼出的气体，

每天分别排出约 $10^{10}$、$10^7$、$10^9$ 和 $10^4$ 个感染单位。

发病机理：病毒侵入机体后，在侵入部位的上皮细胞内生长繁殖，引起浆液性渗出物而形成原发性水疱（第一期水疱），通常不易发现。1~3 d 后进入血液引起体温升高和全身症状。病毒随血液到达所嗜好的部位，如口腔黏膜和蹄部、乳房皮肤的表层组织继续繁殖，形成继发性水疱（第二期水疱）。随着水疱的发展、融合而破裂时，体温即下降至正常，病毒从血液中逐渐减少至消失，此时病畜即进入恢复期，多数病例逐渐好转。有的病例，特别是吃奶的幼畜，当血液感染时，病毒产生的毒素危害心肌，致使心肌变性或坏死而出现灰白色或淡灰色的斑点条纹，多以急性心肌炎而致死亡。

### （二）症状

羊的感染率低。山羊患病较重，死亡率也高。病羊的口腔黏膜和蹄部的皮肤处形成水泡、溃疡和糜烂，有时也见于乳房。在水疱期病羊体温可升高至 40~41℃，精神沉郁，食欲下降。口腔发病常在唇内侧、齿龈、舌面及颊部黏膜发生水泡、糜烂、疼痛，流出带泡沫的口涎。如单纯口腔发病，经 1~2 周可痊愈。蹄部发病，跛行明显，若破溃后被细菌污染，跛行严重。哺乳羔羊对口蹄疫特别敏感，常呈现出血性胃肠炎和心肌炎症状，而不出现水疱，发病急、死亡快。

### （三）病理变化

剖检病死羊的病变，可见口腔、蹄部、乳房等部位有水疱、烂斑和溃疡。消化道黏膜有出血性炎症变化。急性心包炎时在心包膜上有散在出血点，心肌切面有灰白色或灰红色斑纹，好似老虎身上的斑纹，所以称为"虎斑心"，心肌松软，似煮熟状。多发生于羔羊，病羔死亡率高。

### （四）诊断

该病的流行特点和临床症状都很典型，易做出初步诊断，但要确诊，需进行实验室诊断。可采取病羊的水疱皮或水疱液置于50%甘油生理盐水中，迅速送有关单位作实验室检查。

鉴别诊断：该病应与羊传染性脓疱病和蓝舌病加以区别。

**（五）防治**

1. 预防

（1）病羊疑似口蹄疫时，应立即报告兽医行政机关，病羊就地封锁，所用器具及污染地面用2%氢氧化钠消毒。疫病确认后，立即进行严格封锁、隔离、消毒及防治等一系列工作。发病羊群扑杀后要做无害化处理，工作人员外出要全面消毒，病羊吃剩的草料或饮水要烧毁或深埋，羊舍及附近用2%氢氧化钠或1%~2%二氯异氰尿酸钠溶液喷洒消毒，以免病毒扩散。

（2）对疫区周围的羊选用与当地流行的口蹄疫毒型相同的疫苗，进行紧急预防接种，其用量、注射方法及注意事项须严格按疫苗说明书的规定执行。

（3）精心饲养，加强护理，给予病羊柔软的草料。对病状较重的羊，在不能吃草时，应该喂给稀粥、米汤或其他稀糊状食物，能输液更好，防止因过度饥饿使病情恶化引起死亡。羊舍应该保持清洁、通风、干燥、暖和，多垫软草，多给饮水。

2. 治疗

该病一般不准许治疗，应就地扑杀，进行无害化处理。羊被感染后大多经10~14 d可自愈，必要时可在严格隔离下做如下对症治疗，以促进病羊痊愈，缩短病程。

（1）对病羊要加强饲养管理及护理工作，每天用盐水、硼酸溶液等洗涤口腔及蹄部，喂以软草、软料或麸皮粥或米汤等易消化的食物。

（2）口腔治疗，可用食醋或1%高锰酸钾洗涤口腔，溃疡面涂以1%~2%明矾或碘甘油合剂（1∶1），每日涂擦3~4次。也可使用冰硼散涂擦（冰片15 g、硼砂150 g、芒硝18 g研为细末）。

（3）蹄部治疗，用3%克辽林或来苏尔洗涤，然后涂以碘甘油或四环素软膏，用绷带包裹，不可接触湿地。

（4）乳房治疗，先用肥皂水或2%~3%硼酸水清洗，然后涂以1%龙胆紫溶液或抗生素消炎软膏等。

## 四、蓝舌病

羊蓝舌病是反刍动物的一种由蓝舌病病毒引起的，经媒介昆虫"库蠓"传播的传染病。主要发生于绵羊、山羊，常为隐性感染的传染病。其特征是发热和白细胞减少，口腔、鼻腔和胃肠黏膜有溃疡性炎症变化。病羊有时乳房和蹄部也有病变发生，呈跛行症状。

### （一）流行特点

该病主要传染源是发病羊，病后带毒羊及患病的牛、山羊、隐性感染动物都可传染该病。绵羊最敏感，山羊易感性较低。病毒不是通过口、鼻腔的途径直接传播，而是通过"库蠓"叮咬后传播。该病的发生有明显的季节性，并和气候条件密切关系，节肢动物库蠓是该病的传播者。该病多发于闷热的夏季和早秋，在池塘、河流较多的地区或潮湿低洼地区易于流行。病畜是该病的传染源，病愈的绵羊血液能带毒达4~5个月。绵羊的虻蝇也能机械传播该病。

### （二）发病机理

在病的早期发生病毒血症，病毒可能定位于内皮，因而产生该病所具有的特征性上皮损害。试验动物在接种后7 d左右出现病毒血症的高峰，在接种21 d后琼脂扩散试验呈阳性反应。由强毒及弱毒疫苗株所致的神经系统的先天性缺损都已实验复制成功。损害的部位及性质与遭受感染时神经细胞成熟程度有关。由于存在着对病毒易感性高的未成熟的神经细胞，加之不能调动有效的免疫应答，因而造成感染部位的细胞变性的损害，继而出现病变。

### （三）症状

蓝舌病的潜伏期为3~8 d，人工接种的潜伏期为3~5 d。突然发生高热，体温多在 39~41℃，可维持 6~8 d，发热时伴有精神沉郁、厌食，落后于羊群。流口涎、口唇水肿、流泪、泡沫样流涎、反刍停止，此时或稍后结膜充血水肿。白细胞总数减少，口腔及鼻腔黏膜、鼻镜或唇上发生糜烂或溃疡，易出血，以后即愈合。唾液呈红色，口腔发臭。鼻流炎性、黏性分泌物，鼻孔周围结痂，引起呼吸困难和鼾声。常有腿关节疼痛性肿胀。有 20%~30% 的病羊有吞咽困难症状，有严重的食道病变的羊，常可见吞咽时高抬起头，但当头低下时，食道内容物又自由地自口鼻流出。轻症病例只有呕吐和吞咽困难症状。

**（四）病理变化**

剖检病死羊，体表可见到皮肤和黏膜有充血和密布的小出血点以及糜烂等病变；皮下组织充血，呈广泛性胶冻样浸润，肌肉出血，肌纤维变性。典型病变主要在口腔、瘤胃、心、肌肉、皮肤和蹄部。口腔出现糜烂和深红色区，消化道和泌尿道都有出血点。口、唇、牙龈、舌、瘤胃、第 4 胃等均有溃烂及腐脱。肌肉出血，肌纤维变性，有时肌间有浆液和胶冻样浸润。

**（五）诊断**

该病从流行特点、临床症状和剖检病变可作出初步诊断。但要确诊，需进行实验室诊断。

鉴别诊断：该病应与口蹄疫加以区别。

**（六）防治**

**1. 预防**

（1）加强检疫工作，严禁从有该病的地区和国家购入牛或羊。非疫区一旦传入该病，应立即采取果断措施，扑杀发病羊和与其接触过的所有易感动物，并彻底进行消毒。

（2）控制和消灭吸血库蠓。防蠓驱蠓，是保护家畜的重要措施之一。

（3）对琼脂扩散试验阳性并有临床症状或已分离出蓝舌病病毒的羊，应予扑杀。

（4）免疫预防，目前国外采用鸡胚化弱毒疫苗和牛胎肾细胞致弱的组织苗进行注射预防，对绵羊有较好的免疫力。目前，我国正在研制新的安全有效的弱毒疫苗。

2. 治疗

该病无特效疗法。对病羊应细心护理，增加营养，隔离饲养于避雨、避风、防暴晒的圈内，进行对症治疗。先用食醋或 0.1% 高锰酸钾溶液冲洗口腔，再用 1%～3% 硫酸铜或 1%～2% 明矾或碘甘油涂拭糜烂面，也可使用中药冰硼散外敷患部；蹄部病患可先用 3% 来苏尔洗涤，再用碘甘油或土霉素软膏涂布后以绷带包扎。对严重病例可采取强心和补液，也可试用磺胺或抗生素类药物注射，以防止继发感染。

# 五、羊布鲁氏菌病

羊布鲁氏菌病又称传染性流产，是由布鲁氏菌属（惯称布鲁氏菌属）引起的，患羊以流产、不育、睾丸炎和关节炎为特征的，人畜共患的慢性传染病。主要侵害动物的生殖系统，引起母羊流产、不育、子宫内膜炎导致受精障碍而不孕；公羊发生睾丸炎、附睾炎、前列腺和贮精囊炎，造成无精子症或精子缺乏致使生殖能力下降或不育。该病不仅对畜牧业造成重大的损失，而且严重危害人类健康，人感染该病，多出现波浪热，且病情非常顽固，难以治愈，故在公共卫生上极为重要。

## （一）流行特点

该病主要传染源是病羊，主要传染途径是消化道。一般母羊较公羊易感，随着性成熟程度越高，易感性越强，在流产胎儿、胎衣、羊水、流产母羊阴道分泌物、乳汁以及公羊的精液内都含有大量病原体。凡被污染的饲料、饮水、垫草、用具等，都可成为间接接触传染的媒介。主要经口感染，也可通过交配、皮肤或黏膜的接触而传染。发病无季节性，但春、夏季较高。该病常呈地方性流行，先少数流产，以后流产增多，严重时半数以上孕羊发生流产或产出死胎、弱胎。多数羊流产一次便可获得终身免疫。

## （二）发病机理

布鲁氏菌侵入羊体后，在几日内到达侵入门户附近的淋巴结内，由此再进入血液中发生菌血症，菌血症引起体温升高，其时间长短不等，菌血症消失，经过长短不等的间歇后，可再发生菌血症。侵入血液中的布鲁氏菌散布至各器官中，可在停留器官中引起病理变化同时可能有细菌由粪便、尿中排出。但是到达各器官的布鲁氏菌也有的不引起任何病理变化，常在48 h内死亡，以后很难在淋巴结中找到。布鲁氏菌在胎盘、胎儿和胎衣组织中特别适宜生存繁殖，其次是乳腺组织、淋巴结（特别是乳腺组织相应的淋巴结）、骨骼、关节、腱鞘和滑液囊，以及睾丸、附睾等。

布鲁氏菌进入绒毛膜上皮细胞内增殖，产生胎盘炎，并在绒毛膜与子宫黏膜之间扩散，产生子宫内膜炎。在绒毛膜上皮细胞内增殖时，使绒毛发生渐进性坏死，同时产生一层纤维素性脓性分泌物，逐渐使胎儿胎盘与母体胎盘松离。布鲁氏菌还可进入胎衣中，并随羊水进入胎儿引起病变。由于胎儿胎盘与母体胎盘之间松离，及由此引起的胎儿营养障碍和胎儿病变，使母畜可能发生流产。

## （三）症状

羊感染该菌后多呈隐性经过，多不表现症状，有临床症状的潜伏期1个月左右。首先见到的症状也是流产，母山羊除流产外，其他症状常不明显。流产多发生在妊娠后的3~4个月。有的山羊流产2~3次，有的则不发生流产，但也有报道山羊群严重时流产可达50%~90%。流产前2~3 d，病羊表现减食、口渴，起卧不安，精神沉郁，阴门流出黄色或淡红色无臭透明黏液，阴道及阴户潮红肿胀，不久便发生流产。在流产后10~15 d有热症，脉搏不整齐，呼吸急迫。如果流产后胎儿不能及时排出，可能木乃伊化，多发生腐败而排出恶臭液体。另外，患羊常因关节炎而出现跛行症状。有时病羊还发生支气管炎、滑液囊炎等。公羊患布鲁氏菌病后，常可见睾丸炎和附睾炎，睾丸肿大，触之疼痛，阴囊增厚硬化，性功能下降，失去配种能力。母绵羊则有乳房炎，乳房肿大，疼痛，产乳减少或无乳等。

### （四）病理变化

剖检布鲁氏菌感染的病羊，母羊的病变主要在子宫和乳房，可见胎衣呈黄色胶冻样浸润，子宫绒毛膜充血肿大，上面覆有污灰色或黄色胶样纤维蛋白和脓液，有的部位黏膜增厚，肿胀出血，布满出血斑点。乳腺发生实质变性或坏死，间质增生或上皮细胞浸润，乳房淋巴结可能引起硬结。

流产胎儿主要为败血性病变，浆膜与黏膜有出血点和出血斑，皮下、肌肉和结缔组织发生浆液出血性炎症，肝、脾和淋巴结肿大。胎儿的第四胃中有淡黄色或白色的黏液絮状物，胃肠或膀胱的浆膜下可见到出血点和出血斑。胎衣水肿或杂有出血，呈黄色胶样浸润，表面覆有纤维蛋白脓液絮片。

公羊患布鲁氏菌病后，常发生化脓坏死性睾丸炎和附睾炎。睾丸显著增大，形成干性坏死区，被结缔组织包围，并有可能收缩变小，有的甚至软化。精囊内可能有出血点和坏死灶，其黏膜上出现小而硬的结节。阴茎可能发生红肿，鞘膜腔中充满浆液性渗出物。

### （五）诊断

该病的确诊，除根据流行特点、临床症状外，还需进行实验室的细菌学和血清学的诊断。细菌学诊断是采集流产胎儿或流产胎儿的胃内容物、羊水、胎盘的坏死部分、阴道分泌物以及乳汁和尿，公羊的精液等作被检病料。①用病料涂片染色镜检，是否能查到布鲁氏菌。②分离培养：将病料接种在前述（病原中所述）培养基中加入结晶紫（$2×10^{-6}$）或多黏菌素 E 和杆菌肽（每 100 ml 培养基中加 6 000 单位和 2 500 单位），放在 5%~10% $CO_2$ 环境中培养 4~15 d，如有菌生长再作涂片检查细菌。③动物试验：最常用的试验动物是豚鼠。将病料胎儿，制成 1∶10 生理盐水悬液，取上清液 5 ml 注入豚鼠腹腔内；于接种后第五周左右杀死豚鼠，观察脾、肝等实质器官有无小结节，是否可从脾脏检查和分离布鲁氏菌。如果血清抗体为阳性，即使分离不出布鲁氏菌，也可诊断为布鲁氏菌病。

血清学诊断：布鲁氏菌病的血清学诊断，有凝集反应、补体结合反应、全乳环状反应、荧光抗体试验和酶联免疫吸附测定试验（ELISA）等，均具有敏感和特异性高的优点，可根据情况选择使用。我国目前应用最广的仍是采用凝集反应。凝集反应：羊感染布鲁氏菌 1 周左右，血液中即出现凝集素，随后凝集滴度增高（特别在母牛流产后的 7~15 d 明显增高，可持续很长时间）。对怀疑感染，需进行检疫的羊群，可采血进行血清凝集反应，通常包括试管凝集反应和平板凝集反应两种。试管凝集试验：取被检羊血清，在试管内用 0.5%石炭酸生理盐水进行稀释，然后加入布鲁氏菌抗原，放 37℃ 环境 4~10 h，再在室温下 18~24 h，观察记录结果。结果测定，1∶100 出现 "++" 为阳性，1∶50 出现 "++" 为可疑，低于此凝集价的为阴性。判定可疑反应的羊，过 3~4 周后重检，重检后如仍呈可疑反应时，则按阳性处理。平板凝集试验：此法简便易行，适于在现场条件下进行操作。试验时取一块洁净玻璃板，用蜡笔划分数列，每列划成 6 个方格，可供检一只份被检血清。前 4 个方格中分别加同一只份被检血清 0.08、0.04、0.02、0.01 ml，第五格作阳性血清对照，加上阳性血清 0.03 ml，第六格作抗原对照，加上生理盐水 0.03 ml，然后每一小格内分别加上布鲁氏菌有色抗原 0.03 ml，分别用火柴棒或牙签混合。混合后在火焰上微微加热，使温度达 30℃ 左右，在 5~8 min 内观察结果。结果判定，第五格应出现凝集，第六格应不凝集，此时若 0.02 ml 血清量出现 "++" 以上的凝集现象为阳性，0.04 ml 血清量出现"++"以上的凝集现象为可疑。由于此法简便迅速，故适用于大羊群检疫，但容易出现假阳性，所以对此法有反应的血清，应以试管法重新核实以后再确诊。

### （六）防治

布鲁氏菌病是人畜共患且能相互传染的慢性传染病，是国家规定的重点检疫和防治对象。人患布病后可反复发作，经久不愈，严重者丧失劳动能力，羊患布病后则体质瘦弱，繁殖能力下降，寿命变短，饲养费用增加，乳羊的产乳性能下降，给养羊业发展造成重大经济损失。因此防治布病，对保障人民健康，促进养羊业发展具有重要意义。预防该病主要从加强检疫、定期预防注射、严格隔离、封锁和消毒几个方面入手，以预防为主。

1. 预防

（1）加强检疫。为了保护健康羊群，防止布鲁氏菌病从外地侵入，首先要坚持自繁自养的原则，尽量不从外地购买羊只，新购入的羊，必须隔离饲养观察 1 个月，并做两次布鲁氏菌病的检疫，确认健康后方可转入健康羊群中。每年配种前，种公羊必须进行检疫，确认健康后方能参加配种。羊群要每年两次检疫，检出阳性的羊只，立即淘汰。检出可疑羊只进行隔离观察，重复检疫，如重复检疫仍为可疑，按阳性淘汰处理。

（2）羊群加强饲养管理，改善饲养管理条件，供给充足的营养，提高羊只的抵抗力，抵御布鲁氏菌病的发生。

（3）一旦发生疫情，要用试管凝集反应或平板凝集反应对羊群进行检疫，发现阳性和可疑反应者应及时隔离，以淘汰屠宰为宜，严禁其与健康羊接触。对被污染的用具和场地用 10%～20%石灰乳或 2%氢氧化钠溶液或 3%～5%来苏尔等进行消毒。

（4）平时做好预防注射。对羊群定期注射疫苗预防和受威胁的羊群立即注射疫苗紧急预防相结合。用布鲁氏菌羊型 2 号苗对绵羊和山羊进行接种免疫。肌内注射 0.5 ml/只（含 50 亿细菌）；饮水免疫时，按每只羊内服 200 亿菌体计算，于 2 d 内分 2 次饮服。注意 3 个月龄以内的羔羊和孕羊均不能注射接种。免疫期，山羊为 1 年，绵羊为 1.5 年。也可用布鲁氏菌 5 号弱毒冻干菌苗用适量灭菌蒸馏水稀释，对山羊、绵羊皮下或肌内注射，羊每只剂量为 10 亿活菌；室内气雾免疫，羊每只剂量为 25 亿活菌；室外气雾免疫（露天避风处）羊每只剂量为 50 亿活菌；饮服或灌服，羊每只剂量为 250 亿活菌。免疫期为 1.5 年。

**2. 治疗**

该病应以预防为主，无治疗价值。个别有特殊价值的羊，可在隔离条件下进行治疗，可用土霉素肌内注射，按每千克体重 5 mg，每日 2 次，首次加倍，连用 2~3 周。对流产伴发子宫内膜炎或胎衣不下经剥离后的母羊，可用 0.1%高锰酸钾水或 0.2%呋喃西林溶液等洗涤阴道和子宫，然后用四环素或氯霉素进行治疗。

# 七、羔羊大肠杆菌病

羔羊大肠杆菌病又称"羔羊白痢"，就是由大肠杆菌引起的羔羊急性、致死性传染病。其特征是剧烈下痢及全身败血症变化。随着大型集约化养羊业的发展，病原性大肠杆菌对养羊业所造成的损失日益明显。

## （一）流行特点

病羊和带菌者是该病的主要传染源，通过粪便排出病菌，散布于外界，污染水源、饲料，以及母羊的乳头和皮肤。当羔羊吮乳、舔舐或饮食时，经消化道而感染。该病一年四季均可发生，但羔羊多发生于冬、春舍饲时期。

该病以 6 d 至 6 周龄以内的羔羊多见，有些地方 3~8 月龄的羔羊也可发病。发病率 20%~40%不等，病死率可多达 35%~65%。该病的发生与气候突变，通气不良，饥饿或过饱，饲料不良，配比不当或突然改变，营养不足，饲料中缺乏足够的维生素、蛋白质，羊群拥挤，场圈潮湿、污秽等有密切关系，各种各样的不良刺激，应激因素都可促进该病的发生和加重。冬、春舍饲期间多发，而放牧季节则很少发病。主要呈地方性流行或散发。

### （二）发病机理

病原性大肠杆菌含有多种毒力因子。定植因子又称菌毛、黏附素或 F 抗原，可与黏膜表面的特异性受体相结合而成为大肠杆菌引起的大多数疾病的先决条件。大肠杆菌所产生的内毒素是引起动物败血症的主要物质。大肠杆菌产生的外毒素 LT 和 ST 可使肠黏膜上皮细胞分泌亢进，从而发生腹泻和脱水。大肠杆菌具有侵袭性，具有直接侵入并破坏肠黏膜细胞的能力。

### （三）症状

该病潜伏期为数小时至 1~2 d。根据临床可分为两种类型。

肠型（下痢型）：该病型主要发生在 7 日龄以下的羔羊。病羊初期体温升高达 40.1~41.0℃，随之不久即出现下痢、腹泻，体温下降至正常或略高于正常。粪便先为半液状，由黄变灰色或黑色，以后呈液状，混有气泡、血液和黏液。病羊表现腹痛、虚弱、拱背、委顿、严重脱水、卧地不起，如不及时救治，经 24~36 h 死亡。病死率可达 15%~75%。从肠道各部可分离到致病性大肠杆菌。尸体严重脱水，真胃、小肠和大肠内容物呈黄灰色，半液状，黏膜充血，肠系膜淋巴结肿胀发红。有的病例呈初期肺炎的病变。羔羊发病时体温升高，剧烈下痢，肛门失禁，流出液状粪便，呈白色或灰白色，含多量黏液，有时混有血液。病羔喜卧，不能起立，高度衰竭，常在数日内死亡。

败血型：该病型主要发生在 2~6 周龄的羔羊。病羊初期体温高达 41.5~42.0℃，病羔精神委顿，四肢僵硬，运步失调，头常弯向一侧，视力障碍，继之卧地，磨牙，头向后仰，一肢或数肢作划水动作。病羔口吐泡沫，鼻流黏液。有些病羔关节肿胀、疼痛，最后昏迷死亡。有的病例发生肺炎而呼吸加快，很少或不出现腹泻，就多在发病后 4~12 h 死亡，很少能超过 24 h。从死亡的羔羊的内脏中能分离到致病性大肠杆菌。近几年有些地区报道，3~8 月龄的山羊羔也有发生败血型大肠杆菌病的，发病急速，死亡很快。

### （四）病理变化

剖检肠型病羊，主要病变在消化道，可见胃、肠充满乳样内容物，瘤胃、网胃黏膜脱落，皱胃和肠道黏膜充血、出血；肠系膜淋巴结肿大，切面多汁有出血点。败血型病死羊，呈败血症表现。主要病变是胸腔、腹腔和心包有大量积液，内有纤维素；肝脏肿胀，变性；肘关节和腕关节肿大，滑液混浊，内有纤维素性絮片。脑膜充血，有很多小出血点，大脑沟常含有多量脓性渗出物。

### （五）诊断

该病的诊断，可根据流行病学、临床症状及剖检病变作出初步诊断，确诊还需采取内脏组织、血液或肠内容物做细菌分离鉴别等实验室诊断。菌检的取材单位，败血型为血液和内脏组织，肠型为小肠前部黏膜，对分离出的大肠杆菌应进行生化反应，血清学鉴定，然后再根据需要，做进一步的检验。该病应和 B 型魏氏梭菌引起的初生羔羊痢疾加以区别。

### （六）防治

该病急性经过时往往来不及救治，平时预防是关键。

1. 预防

控制该病重在预防。

（1）加强饲养管理。对怀孕母羊应加强产前、产后的饲养和护理，生下的羔羊应及时吮吸初乳，确保新产羔羊的健壮，以增强机体抵抗力。

（2）改善羊舍的环境卫生，做到定期消毒，尤其是在母羊分娩前、后应对羊舍彻底消毒 1~2 次，降低大肠杆菌的环境浓度。

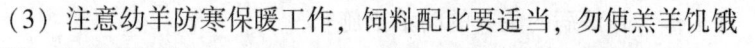

（3）注意幼羊防寒保暖工作，饲料配比要适当，勿使羔羊饥饿或过饱，断乳期饲料不要突然改变。减少各种不良因素的刺激。

（4）对污染的环境、用具，可用3%～5%来苏尔液消毒。

（5）对经常发生或流行大肠杆菌病的场（地区）可用大肠杆菌多价灭活苗对妊娠母羊进行预防注射，可使羔羊获得被动免疫。

（6）用一些对病原性大肠杆菌有竞争抑制作用的非病原性大肠杆菌制剂，或用调痢生和一些微生态制剂，抑制病原性大肠杆菌的生存。

2. 治疗

西药治疗方法：

（1）氟甲砜霉素。每千克体重0.01～0.03 g，肌内注射，或每日2次内服，连用3～5 d。

（2）土霉素粉。按每千克体重30.0～50.0 mg，每日分2～3次内服，连服3～5 d。

（3）磺胺脒。第一次按每千克体重0.5 g，以后减半，每隔6 h一次内服，连用3～5 d。

（4）在用抗菌素治疗的同时对新生羔羊可加胃蛋白酶内服，对有兴奋症状的病羊，可内服水合氯醛口服液。

大肠杆菌易产生耐药菌株，如果有条件，最好用分离的大肠杆菌做药敏试验，选最敏感的药物用于治疗，效果会更好。

中药治疗方法：

（1）用大蒜酊（大蒜100 g，95%酒精100 ml，浸泡15 d，过滤即成）2～3 ml，加水一次灌服，每日2次，连用5～7 d。

（2）用白头翁、秦皮、黄连、炒神曲、炒山楂各15 g，当归、木香、杭芍各20 g，车前子、黄柏各30 g，加水500 ml，煎至100 ml。每次3～5 ml，灌服，每日2次，连用3～5 d。

大肠杆菌对多种药物都有敏感性，多数药物都有治疗作用，在用药物治疗的同时必须加强饲养管理，改善羊舍环境卫生，加强护理工作，是该病的主要的防治措施。

## 八、羊巴氏杆菌病

羊巴氏杆菌病又称羊出血性败血症、卡他热、羊鼻疽，是由多杀性巴氏杆菌引起的急性、全身性传染病。

### （一）流行特点

病羊和带菌羊是该病的传染源。山羊不易感染，绵羊多发生于幼龄羊和羔羊，常呈败血型经过。成年羊发病多呈慢性经过。病原菌随病羊的分泌物和排泄物排出污染外界环境，在自然条件下主要通过污染的饲料和饮水等，经消化道、呼吸道及操作损伤的皮肤或吸血昆虫叮咬而感染健康羊。带菌羊因饲养管理不当、营养不良、气候剧变、饲料突变、潮湿拥挤、圈舍通风不良、阴雨连绵、受寒冷、闷热、寄生虫病和长途运输等致机体抵抗力下降时均可诱发该病。该病春、秋两季易发，一般为散发性，亦可呈地方性流行。

### （二）发病机理

巴氏杆菌是一个条件性致病菌，在正常的羊群中就可能带有巴氏杆菌，只是在机体的抵抗力下降时才乘机侵入体内，大量繁殖而致发病。

### （三）症状

该病的潜伏期还不十分清楚，根据临床病症、病程该病可分为3种类型：

最急性型：多发生于哺乳羔羊，发病突然，病羊仅表现寒战、虚弱、呼吸困难等症状，可在几分钟至数小时内突然死亡。

急性型：病羊表现精神沉郁，食欲废绝，体温升高至 41～42℃，咳嗽，呼吸急促、鼻流出带血的黏液，或鼻孔有出血。病羊眼结膜潮红，有黏性分泌物。病羊初期便秘、后期腹泻，有时粪便全部变为血水，消瘦虚脱而死。有时在病羊的颈部、胸下部发生水肿。病羊常在严重腹泻后虚脱而死亡，病程2～5 d不等。

慢性型：主要见于成年羊，病程可达3周或更长。病羊主要表现消瘦，不思饮食，体重减轻，咳嗽气喘，呼吸困难，流黏液性脓性鼻液，有时颈部和胸下出现水肿。角膜发炎，出现腹泻、消瘦，临死前极度衰弱，四肢厥冷，体温下降。

### （四）病理变化

剖检病死羊的病变部位，可见皮下有液体浸润和小点出血，心包和胸腔内有渗出液及纤维素凝块，肺脏瘀血而膨大、水肿，呈紫红色，并有小点状出血和呈现不同程度的肝变期，一般在前腹侧区有显著的病变。病程长的绵羊，病变更为明显，呈暗红色，与胸膜粘连，有的肺部见有黄豆至胡桃大的化脓灶，其他脏器呈水肿和瘀血，间有小点出血，但脾脏不肿大，肝脏有坏死灶。病程较长的羊尸体消瘦，皮下有胶样浸润，见有纤维素性胸膜肺炎和心包炎，肝脏有坏死病灶。

### （五）诊断

该病的确诊，除根据流行特点、临床症状及剖检病变外，还需进行实验室诊断。可采取肺脏、肝组织病灶进行涂片，用碱性美兰或瑞氏染液染色镜检，可见到两极着色的巴氏杆菌。亦可接种到培养基中进行培养，用培养出的细菌涂片染色，镜检观察，如有革兰氏阴性、两极着色、两端浓染的球状小杆菌，即可初步确诊。

鉴别诊断：该病应与肺炎链球菌加以区别，后者剖检时见脾脏肿大，且在病料中很易寻找成双排列为特征的肺炎链球菌。

### （六）防治

1. 预防

（1）加强饲养管理，搞好环境卫生，增强机体抵抗力。羊舍、运动场及饲养用具等，定期用5%漂白粉或10%石灰乳或二氯异氰尿酸钠消毒。

（2）羊群应避免拥挤、受寒，长途运输时，防止过度劳累。

（3）该病常发地区或羊群发病后，可注射高免血清或出血性败血病菌苗作紧急免疫接种；病羊立即隔离治疗；羊舍、饲养用具用二氯异氰尿酸钠按1：800稀释消毒，或用5%漂白粉消毒；粪便用泥封发酵处理。

2. 治疗

对病羊和可疑病羊立即隔离治疗。病初使用如下药物比较有效。

（1）甲砜霉素，按每千克体重10～30 mg，肌内注射，每日2次。

（2）土霉素，按每千克体重10～30 mg，肌内注射，每日2次。

（3）庆大霉素，按每千克体重1 000～1 500单位，肌内注射，每日2次。

（4）20%磺胺嘧啶钠注射液5～10 ml/kg，肌内注射，每日2次。

（5）链霉素，按每千克体重10 mg，肌内注射，每日2次。

（6）青霉素，按每千克体重6～9 mg，肌内注射，每日2次。

（7）复方新诺明片，按每千克体重10 mg，内服，每日2次，直到体温下降，食欲恢复为止。

（8）强心，可用安钠咖10～18 mg，加水一次内服。发现肺炎症状时可用"914"按每千克体重0.01 g，用生理盐水配成5%溶液，静脉注射，现用现配。

# 九、羊沙门氏菌病

羊沙门氏菌病又称副伤寒，是由鼠伤寒沙门氏菌、都柏林沙门氏菌和羊流产沙门氏菌引起的，以羔羊急性败血症和下痢、母羊怀孕后期流产为主要特征的急性传染病。

## （一）流行特点

该病的主要传染源是病羊及带菌羊。各种年龄的羊均可感染发病，其中以断乳或断乳不久的羊最易感。病原菌通过羊的粪、尿、乳汁、流产胎儿、胎衣、污染饲料、饮水、食槽和周围环境等，经消化道感染健康羊，也可通过交配或其他途径传播。各种不良因素均可促使该病的发生。该病一年四季均可发生，但以春、冬气候寒冷多变时节发生最多。羊舍饲时易发，常呈散发，有时呈地方性流行。

### （二）发病机理

沙门氏菌的致病力与其一些毒力因子有关，已知的毒力因子有内毒素以及肠毒素等。在正常情况下，大肠黏膜的固有的梭形细菌可产生挥发性有机酸而抑制沙门氏菌生长。另外，肠道内的正常菌群可刺激肠道蠕动，也不利于沙门氏菌的附着。当存在不良因素使动物处于应激状态，以致肠道正常菌群失调时，可促使沙门氏菌迁居于小肠下端和结肠。据报道，经过长途运输的动物（猪），其肠道的沙门氏菌迁居率大大增高。病菌迁居于肠道后，从回肠和结肠的绒毛顶端，经刷状缘进入上皮细胞，在其中繁殖，感染临近细胞进入固有层，继续繁殖，被吞噬而进入局部淋巴结。机体受病菌侵害，刺激前列腺素分泌，从而激活腺苷酸环化酶，使血管内的水分、$HCO_3^-$ 和 $Cl^-$ 向肠道外渗而引起急性回肠炎和结肠炎，受害的绒毛充满嗜中性细胞，后者也可随粪便排出。最近有试验表明，某些沙门氏菌可以产生肠毒素，也是动物发生肠炎的一种毒力因子。沙门氏菌自肠道黏膜进入血流，被带至全身各个脏器，包括胎盘。细菌在脐带区离开母血经绒毛上皮细胞而进入胎儿血液循环中繁殖。绵羊在孕期的最后 1/3 阶段发生流产或死产。

内毒素，沙门氏菌细胞壁里的脂多糖，由沙门氏菌共有的低聚糖芯（称为 O 特异键）和一种脂质 A 成分所组成。该物质可引起动物发热，黏膜出血，白细胞减少继而增多，血小板减少，肝糖消耗，低血糖症，最后因休克而死亡。

### （三）症状

根据临床症状，该病可分为两种类型。

下痢型：该病型多见于羔羊，病羊表现精神沉郁，体温高达40~41℃，食欲减少，腹泻，排黏性带血稀粪，有恶臭，低头弓背，虚弱，憔悴，继而卧地。病程1~5 d死亡，有的经2周后可恢复。发病率一般为30%，病死率25%左右。

流产型：该病多发生在绵羊怀孕的最后2个月，出现流产或死亡。病羊表现精神沉郁，体温升高至40~41℃，抑郁、拒食，部分羊兼有腹泻症状。流产前和流产后数天，阴道有分泌物流出。病羊产下的活羔，表现虚弱，委顿，卧地，并可有腹泻；不吮乳，往往病1~7 d死亡。发病母羊也可在流产后或无流产的情况下死亡。羊群暴发一次，一般持续10~15 d。流产率和病死率可达60%，其他羔羊的病死率可达10%。流产母羊一般有5%~7%死亡。

### （四）病理变化

剖检下痢型病死羊，可见后躯常被稀粪污染，大多数组织脱水；真胃和小肠空虚，内容物稀薄呈半液状，常含有凝血块；肠黏膜充血水肿，肠黏膜上附有黏液。肠系膜淋巴结肿大充血，心内外膜下有小出血点。

剖检流产型病死羊，可见流产、死产的胎儿或生后1周内死亡的羔羊，呈败血症病变，表现组织水肿、充血，肝脏、脾脏肿大，有灰色病灶。胆囊黏膜水肿，胎盘水肿出血；死亡的母羊呈急性子宫炎症状，其子宫肿胀，内含有坏死组织、浆液性渗出物和滞留的胎盘。如有腐败菌感染，则从阴道中流出污秽不洁的脓液，恶臭，常死于败血症。

### （五）诊断

该病确诊，除根据流行特点、临床症状和剖检病变外，还需进行实验室诊断。从下痢死亡的羊的肠系膜淋巴结、胆囊、脾脏、心血和粪便，或病母羊的粪便、阴道分泌物、血液以及胎盘和胎儿组织中可分离培养出沙门氏菌。在痊愈恢复的母羊体内，其血清抗体的含量很高，与沙门氏杆菌抗原的凝集滴度为 1：（50~2 000）。可用凝集试验来检测羊群中是否发生该病。

鉴别诊断：该病应与羔羊痢疾的 B 型魏氏梭菌病、羔羊大肠杆菌病加以区别。

**（六）防治**

1. 预防

（1）加强对羔羊和母羊的饲养管理，保持卫生，减少诱发病因。

（2）保持饲料和饮水的清洁、卫生。

（3）适当在饲料中添加益生素，不仅可预防该病而且还可促进生长发育。

（4）发生该病后，对流产母羊及时隔离治疗；流产的胎儿、胎衣及污染物要烧毁，同时对流产场地、用具，进行全面、彻底消毒处理；对可能受传染的羊群注射相应的预防疫苗。

2. 治疗

对患病羊的治疗，首选药物为氟苯尼考，羔羊按每日每千克体重 30~50 mg，分 3 次内服，成年羊按每次每千克体重 10~30 mg，肌内或静脉注射，每日 2 次；用喹诺酮类药物，按每日每千克体重 5~10 mg，分 2~3 次内服，连续用药 3~5 d。沙门氏菌易产生抗药性，如用一种药物无效时，可换用另一种药物或做细菌培养，通过药敏试验寻找最敏感的药物进行治疗。下痢较重时，应对症治疗，及时输液，以防脱水。

# 十、羊梭菌性疾病

## （一）羊快疫

羊快疫是由腐败梭菌引起的主要发生于绵羊，山羊也有感染的一种急性致死性传染病。以突然发病，病程短促，真胃出血性炎症损害，数分钟至数小时死亡为特征。

1. 流行特点

绵羊比山羊易感，以6~18个月龄绵羊多发，主要通过消化道感染。腐败梭菌常以芽胞形式分布于低洼的草地、熟耕地及沼泽地之中。羊采食被污染的饲料和饮水后，芽胞便随之进入消化道，一般情况下并不发病，只有在秋冬和初春季节，气候骤变，羊受寒或采食了冰冻带霜的草料和受肠道寄生虫的侵袭等，机体抵抗力低下时，容易诱发该病。病原大量繁殖产生的外毒素，使消化道黏膜，特别是真胃黏膜发生坏死和炎症。毒素刺激中枢神经系统，引起病羊急性休克，迅速死亡。发病羊多是营养中等以上，羊年龄多在6个月至18个月。该病呈散发或地方性流行。

2. 发病机理

腐败梭菌常以芽胞形式分布于低洼草地及沼泽之中。羊只采食被污染的饲料和饮水后，芽胞便随之进入羊的消化道。许多羊的流水作业道平时就有这种细菌存在，但并不发病。当存在不良的外界诱因，特别是在秋、冬和初春气候骤变、阴雨连绵之际，羊只受寒、感冒或采食了冰冻带霜的草料，机体遭受刺激，抵抗力减弱时，腐败梭菌即大量繁殖，产生外毒素，其中的α毒素成分使消化道黏膜，特别是真胃黏膜发生坏死和炎症，同时经血液循环进入体内，刺激中枢神经系统，引起急性休克，使羊只迅速死亡。

3. 症状

病羊突然死亡，来不及表现症状，常死于牧场、放牧过程中、放牧时或早晨发现死于羊圈内。其他病羊表现离群、卧地、虚弱、行走困难、运动失调，腹胀、腹痛、腹泻，体温表现有的正常、有的升高。病羊最后极度衰竭而昏迷，出现磨牙抽搐，口吐泡沫，经数分钟至数小时死亡，很少有耐过的。

4. 病理变化

剖检病死羊的病变，可见刚死的羊真胃有出血性炎症变化，胃底部及幽门附近的黏膜，常有略低于周围正常黏膜的出血斑块和坏死区。黏膜下组织水肿，胸、腹腔及心包积液，心的内外膜和肠道有出血点，胆囊多肿胀。

5. 诊断

该病的生前诊断比较困难，死后诊断应注意检查真胃变化。确诊需要进行实验室微生物学诊断。

（1）抹片镜检。据初步经验，该菌在肝脏的检出率较其他脏器为高。由肝脏被膜作触片染色镜检，除可发现大小长为 $2 \sim 10 \ \mu m$，宽为 $0.8 \sim 1.1 \ \mu m$、两端钝圆、单在及呈短链的细菌之外，常常还有呈无关节的长丝状者。

（2）分离培养。腐败梭菌的分离培养，并不十分困难。由疑似病畜尸体取材料接种于普通营养琼脂培养基上，接种于葡萄糖鲜血琼脂上，用厌气培养法分离此病原菌，同时再接种熟肉基也是较为可靠的诊断方法。该菌在普通培养基上生长良好，在鲜血平皿上长成薄纱状是其特点。但是该菌可经常存在于正常草食动物的肠道内，很容易在动物死后侵入体内组织中。所以采集病料要在动物死后越早越好，最好在 1 h 内。

（3）试验动物感染。将快疫动物尸体的血液或组织乳剂注射于豚鼠或小鼠肌肉内，常于 24 h 内引起死亡。即时采取死亡试验动物脏器组织进行分离培养，能比较容易地获得此菌的纯培养，同时在其肝被膜触片中，还可见到细菌呈无关节丝状特征表现，这种表现对诊断该病有重要的价值。

鉴别诊断应与羊肠毒血症、羊炭疽加以区别。

6. 防治

（1）预防。由于该病的病程短促，往往来不及治疗，必须加强平时的防疫措施。在疫区每年定期进行预防注射羊快疫疫苗，皮下或肌内注射 5 ml，免疫期半年以上。定期注射混合苗，或定期注射三联苗（羊快疫、羊猝狙、羊肠毒血症）或五联苗（适用于上 3

种病加上羊黑疫、羔羊痢疾)。

①加强饲养管理,防止受寒,避免羊只采食冰冻饲料。圈舍应建于干燥处。

②饲料或饮水中加入适当的抗生素药物预防,效果亦比较好。

③该病发生严重时,应及时转移放牧地。

(2)治疗。病羊往往来不及治疗就死亡。对病程稍长的病羊,可选用如下药物:

①青霉素,肌内注射,每次80~160万单位,每日2次。

②磺胺嘧啶,灌服,每千克体重5~6 g,连用3~5次。

③10%~20%石灰乳,灌服,每次50~100 ml,连用1~2次。

④复方磺胺嘧啶钠注射液,肌内注射,按每次每千克体重15~20 mg,每日2次,用3~4 d。

⑤磺胺胍,按每千克体重8~12 g,第一天一次灌服,第二天分两次灌服。

⑥10%安钠咖啡10 ml加于500~1 000 ml的5%葡萄糖中,静脉注射。若发病超过2 d,粪便已发软或羊已拉稀时,治疗一般无效。

## (二)肠毒血症

羊肠毒血症又称软肾病、类快疫。是由D型魏氏梭菌在肠道内产生的毒素而引起的主要发生于绵羊的一种急性传染病,以急性死亡和软肾为特征。

1. 流行特点

该病绵羊发生较多,山羊少见,尤以2~12月龄绵羊最易发病。病羊多为膘情较好者。通常在农区多发于蔬菜、粮食收获季节,羊吃了多量蔬菜和大量谷类时发病;在牧区多发于春末夏初,青草萌发和秋季牧草结籽后的一段时期。由于在这时瘤胃里正常分解纤维素的菌群一时不能适应,并且由于饲料发酵产酸,使瘤胃的pH值降低到4.0,在此情况下,导致D型魏氏梭菌迅速繁殖和产生大量毒素而致病。因此，羊肠毒血症的发生有明显的季节性和条件性。

2. 症状

病羊常常当晚不见症状，次晨突然发现死于羊圈内。病程稍缓的病羊常呈现腹痛、腹胀，离群呆立，嚼食泥土或其他异物。病羊一般体温不高，病初粪球干小，濒死期发生肠鸣腹泻，排出黄褐色水样粪便，有时混有血丝或肠伪膜。有的卧地或独自奔跑，出现四肢滑动、全身颤抖、眼球转动、磨牙、头颈向后弯曲等神经症状。最后口、鼻流沫，常于昏迷中死亡。有的病例出现过敏、流涎、上下颌"咯咯"作响，继而昏迷，慢慢地死去。

3. 病理变化

剖检病死羊可见肾脏表面充血，实质松软，呈不定型的软泥状。肝脏肿大、充血、质脆，胆囊肿大 1~3 倍，充满胆汁。小肠黏膜充血、出血，严重的整个肠壁呈血红色或有溃疡。真胃内常有未消化的饲草料。全身淋巴结肿大、充血，切面黑褐色。肺脏充血和水肿。胸腺常发生出血。体腔积液，心包积液，心外膜有出血点。脑组织充血、脑膜血管周围水肿、脑膜出血。

4. 诊断

该病的确诊，除根据临床症状外，还需进行实验室诊断。鉴别诊断该病应与炭疽、羊快疫、巴氏杆菌病和大肠杆菌病加以区别。

5. 防治

（1）预防。

①在农、牧区，春、夏之际减少抢青抢茬，秋季避免吃过量结籽饲草和多汁的蔬菜饲料。

②羊群出现该病时，要立即将羊圈搬至干燥地方放牧。

③疫区应定期注射羊厌气菌病三联、四联或五联菌苗。

（2）治疗。对病程较缓慢的病羊可用如下药物治疗：

①青霉素，肌内注射，每次 80~160 万单位，每日 2 次。

②磺胺脒，按每千克体重 8~12 g，第一天一次灌服，第二天分两次灌服。

③10%石灰水，灌服，大羊 200 ml，小羊 50~80 ml，连用 1~2次。此外，应结合强心、补液、镇静等对症治疗，有时尚能治愈少数病羊。

### （三）羊猝狙

羊猝狙是由 C 型魏氏梭菌引起的一种毒血症，以急性死亡、腹膜炎、溃疡性肠炎为特征。

1. 流行特点

绵羊比山羊易感。以 1~2 岁的绵羊多发，主要通过消化道感染。病原通过发病母羊的肠道随粪便排到体外污染周围土壤、饲料、饮水、垫草等。初生羔羊接触了被污染的母羊体表、乳头、泥土和垫草，将该菌芽胞吞入消化道内而感染发病。芽胞在羊体小肠中发芽繁殖，并产生大量毒素，毒素通过肠壁吸收而引起毒血症，致使羊发病和死亡。

2. 症状

病羊死亡突然，来不及表现症状，病羊常当晚不见症状，次晨死于羊圈内，病程稍缓的病羊表现离群、卧地、虚弱、行走困难、运动失调、腹胀、腹痛、腹泻，体温有的正常、有的升高。最后极度衰竭而昏迷，出现磨牙抽搐，口吐泡沫，经数分钟至数小时死亡，很少有耐过者。死亡是由于该菌产生的毒素（β 毒素）侵害与生命活动有关的神经元发生休克所致。

3. 病理变化

剖检病死羊可见十二指肠和空肠黏膜严重充血糜烂，个别区段有大小不等的溃疡灶。常在死后 8 h 内，由于细菌的增殖，毒素使血管通透性增加，导致胸腔、腹腔和心包大量积液。如细菌在骨骼肌里增殖，于骨骼肌肌间积聚有血样液体，肌肉出血，有气性裂孔。

**4. 诊断**

该病的初诊，除根据临床症状和剖检，如见有糜烂性和溃疡性肠炎，腹膜炎，体腔和心包腔积液外，确诊还需进行实验室诊断，进行微生物学检查和毒素检查。

**5. 防治**

（1）预防。

①疫区每年定期注射三联苗（羊快疫、羊猝狙、羊肠毒血症），或五联苗（适用于上述 3 种加上羊黑疫、羔羊痢疾）。

②加强饲养管理，防止受寒，避免羊只采食冰冻饲料。圈舍应建于干燥处。

③该病严重时，应及时转移放牧地。

（2）治疗。对病程稍长的病羊，可选用如下药物治疗：

①青霉素，肌内注射，每次 80~160 万单位，每日 2 次。

②磺胺嘧啶，灌服，按每次每千克体重 5~6 g，连用 3~4 次。

③10%~20% 石灰乳，灌服，每次 50~100 ml，连用 1~2 次。

④磺胺脒，按每千克体重 8~12 g，第一天一次灌服，第二天分两次灌服。

⑤复方磺胺嘧啶钠注射液，肌内注射，按每次每千克体重 15~20 mg，每日 2 次。

## （四）羊黑疫

羊黑疫又称羊传染性坏死性肝炎，是由 B 型诺维氏梭菌引起的一种急性、高度致死性毒血症，以肝实质坏死性病灶为特征。

**1. 流行特点**

该病以 2~4 岁营养良好的羊多发，特别是由于肝片吸虫的寄生易诱发该病。一般在肝片吸虫流行地区和季节，在低洼潮湿的沼泽草地放牧的羊只发病较多，由于诺维氏梭菌广泛存在于土壤中，当羊只采食此菌的芽胞污染的饲料后而发病。

## 2. 发病机理

在正常情况下，如果没有肝片吸虫的寄生虫，肝脏的氧化-还原电位高，不利于芽胞发芽变为繁殖体，而仍以芽胞形式潜藏在肝脏中，当肝脏因受成熟的游走肝片吸虫损害发生坏死以致其氧化-还原电位降低时，该菌获得适宜的条件，迅速出芽生长繁殖，产生毒素，进入血液循环，发生毒血症。

## 3. 症状

该病的临床症状与羊肠毒血症、羊快疫极其相似，发病急，常突然死亡。少数病例病程可拖至 1~2 d。病羊表现掉群，不食，体温升高，呼吸困难，昏睡、俯卧，无痛苦地突然死亡。

## 4. 病理变化

剖检病死羊的病变，可见皮下静脉显著充血，皮肤呈暗黑色，故有"黑疫"之称。肝脏充血肿胀，肝脏表面和深部有直径数厘米大、界限清晰的淡黄色或草绿色圆形的坏死灶。病灶周围常有一鲜红色充血带围绕，切面呈半月形。肝被膜的实质常有肝片吸虫幼虫移行造成的出血区。羊肝脏的这种坏死变化是很有特征性的，具有诊断意义。这种变化和未成熟的肝片吸虫通过肝脏所造成的病变不同，后者为黄绿色、弯曲似虫样的带状病痕。真胃幽门部和小肠充血、出血。体腔多积液，心内膜有出血点。

## 5. 诊断

该病的确诊，除根据临床症状及剖检病变外，还需进行实验室诊断。该病应与羊快疫、羊肠毒血症、羊炭疽加以区别。

## 6. 防治

（1）预防。

①在肝片吸虫病流行地区，对羊群每年至少安排两次定期驱虫。一次在秋末冬初由放牧转为舍饲之前；另一次在冬末春初，由舍饲改为放牧之前。

②定期注射羊黑疫菌苗、黑疫快疫混合苗或羊厌气菌五联苗。

③发病时，将羊圈搬至干燥处。

④早期预防用抗诺维氏梭菌血清，皮下或肌内注射，10～15 ml，必要时可重复一次。

⑤药物预防用蛭得净，按每千克体重 16 mg，一次内服；或用丙硫苯咪唑，按每千克体重 15～20 mg，一次内服；或用三氯苯唑，按每千克体重 8～12 mg，一次内服。

（2）治疗。

①病程缓慢的病羊，可用青霉素，肌内注射，80 万～160 万单位，每日 2 次。

②抗诺维氏梭菌血清，肌内或皮下或静脉注射，50～80 ml，连用 1～2 次。

**（五）羔羊痢疾**

羔羊痢疾是由 B 型魏氏梭菌引起的一种急性传染病。是初生羔羊的一种急性毒血症，其特征是剧烈腹泻、小肠发生溃疡和迅速剧烈腹泻而大批死亡，是影响羔羊成活率的疾病之一。

1. 流行特点

该病主要侵害新生羔羊，以出生后 1～4 d 内发病最多，7 d 以后发病很少见。该病主要传染源是病羔羊，其次为带菌母羊。病羔羊的肠道中常有大量病原体繁殖，并随粪便排出到外界，污染周围环境。羔羊通过吃奶或与病羔接触，或舔食污染的物品，或通过饲养员未经洗净带菌的手接触而感染。病原经过消化道侵入体内，在小肠（特别是回肠）里大量繁殖，产生毒素，引起发病。羔羊也可通过脐带或创伤感染。当母羊饲养管理不好，尤其是怀孕期内缺乏补充饲料，所产羊羔体弱易发该病。天气严寒，特别是大风雪后，产羔舍温度过低，羔羊受冻，哺乳不当，饥饱不均时，也很容易诱发该病。一般是产羔初期散发，产羔盛期大批发生和死亡。纯种羊发病和死亡多于杂种羊和土种羊。

## 2. 症状

该病潜伏期1~2 d。临床上分两种类型：急性型、亚急性型。流行时最早出现的病例常为急性型。羔羊死亡很突然。羔羊头晚还似健康，次日早晨发现已死于羊舍。若仔细观察病羔，可发现羔羊死前喜卧，无精神，不吃奶，对周围事物没反应，腹胀痛，低头，粪便先似正常，以后变棕灰色半液体状，有的有血液混杂，粪便恶臭；病羔黏膜发绀，脱水，呼吸急促，头向后弯，昏迷，口流白沫，全身发凉，不久即死亡。病程数小时到十几小时。亚急性型：此型最为常见。病程可达1~2 d。病羔表现无精神，食欲废绝，眼下陷，懒于活动，喜卧，强令起立也不爱动，长时间卧下。弓背，似有腹痛感觉。不久腹泻，粪呈黄色半液体状，后带黏液，颜色为黄绿色、灰黄色或带血，或呈血便。肛门及尾根常沾满粪便，有腥臭味。最后昏迷死亡。病羔若不及时治疗，难以自然恢复。

## 3. 病理变化

剖检病死羔羊可见的病变，以消化道变化最显著，真胃黏膜出血和水肿；肠黏膜充血，空肠、回肠有豌豆至蚕豆大的黄色坏死区，外围有充血带，严重的溃疡可深入肌层。肠内容物可由正常变至纯血及有黄色干酪样坏死块。大肠也发炎。肠系膜淋巴结肿胀或出血。肝肿大，胆囊充满胆汁。心包有淡黄色积水，心内、外膜出血。肺、脾变化不明显。

## 4. 诊断

该病的确诊，除根据流行特点、临床症状及剖检病变外，还需进行实验室诊断。

鉴别诊断：该病应与大肠杆菌病、沙门氏菌加以区别。

## 5. 防治

（1）预防。

①加强母羊的饲养管理。对孕羊要做好产前抓膘、保胎工作，在怀孕后期补给优质饲草、青干草、胡萝卜及矿物质等。做好圈舍

及用具的消毒工作。

②做好产前的准备工作。产羔房要保暖、干燥、清洁。剪去母羊阴门附近污毛，用消毒液消毒乳房及后躯。

③加强对羔羊的护理，脐带要进行消毒。新生羔羊要同母羊一起放于单独的木栏内，合理哺乳，避免饥饱不均，防止受凉。

④因该病大多发生在严寒季节，可以试行提前产冬羔的办法来减少该病发生。

⑤在常发疫区，可采取药物预防。羔羊出生后 12 h 内灌服土霉素 120~150 mg，每日 1 次，连用 3 d。

⑥预防接种，对生产母羊注射羔羊痢疾菌苗或羊梭菌病四联苗或五联氢氧化铝菌苗。

⑦病羔接触过的用具等要彻底消毒。每次产羔后亦应彻底清扫和消毒。

（2）治疗。发病后将病羔隔离，并加强护理工作。

①初期口服轻泻剂，以清除肠内容物。用硫酸镁 2~3 g，溶于 30~40 ml 温水中，内加甲醛 0.2~0.3 ml，一次灌服。

②用 0.1%高锰酸钾液，每次 15~20 ml，第一天服两次，第二天上午一次，连用 2~3 d。

③土霉素 0.2~0.3 g，胃蛋白酶 0.2~0.3 g，加水灌服，每日 2 次。

④磺胺脒 0.5 g，鞣酸蛋白 0.2 g，碱式硝酸铋 0.2 g，碳酸钠 0.2 g，加水灌服，每日 3 次。

⑤在使用上述药物治疗的同时，可适当采取对症治疗。

⑥中药疗法：可用加减乌梅汤，乌梅（去核）炒黄连、黄芩、郁金、炙甘草、羊苓各 10 g，诃子肉、焦山楂、神曲各 12 g，泽泻 8 g，干柿饼（切细）1 个，将上药研碎，加水 400 ml，煎汤浓缩至 150 ml，去渣，加红糖 50 g 为引，每次内服 30 ml，若拉稀不止，再服 1~2 次。

⑦加味承气汤：大黄、酒黄芩、焦山楂、枳实、甘草、厚朴、秦皮各 10 g，朴硝 25 g（另包）。将前 7 味药加水 400 ml，煎汤浓缩至 150 ml，去渣，加入朴硝即成。每只羔羊服 20~30 ml，以清除胃肠内的积聚物。

# 第三节  羊的常用疫（菌）苗

表 6-1  羊的常用疫（菌）苗

| 名称 | 预防疾病 | 使用方法 | 用量说明 | 免疫期 |
| --- | --- | --- | --- | --- |
| 无毒炭疽芽胞苗 | 绵羊炭疽病 | 颈部或后腿部皮下注射 | 0.5 ml，用苗后 14 d 产生免疫力 | 1 年 |
| 无毒炭疽芽胞 | 绵羊炭疽病 | 绵羊皮下注射 | 0.5 ml，临用时用 20% 氢氧化铝稀释 | 1 年 |
| 第Ⅱ号炭疽芽胞苗 | 绵羊、山羊炭疽病 | 绵羊、山羊均皮下注射 | 1 ml，用苗后 14 d 产生免疫力 | 1 年 |
| 布鲁氏菌羊型 2 号菌苗 | 山羊、绵羊布鲁氏菌病 | 山羊、绵羊臀部肌内注射 | 0.5 ml（含 50 亿菌），3 月龄内的羔羊和孕羊不能用 | 绵羊：1.5 年；山羊：1 年 |
| 布鲁氏菌羊型 5 号弱毒冻干苗 | 山羊、绵羊布鲁氏菌病 | 皮下或肌内注射 | 10 亿个/只活菌；大群羊可用气雾法：室内气雾 25 亿/只活菌，室外气雾 50 亿/只活菌 | 1.5 年 |
| 布鲁氏菌无凝集原（M‐Ⅲ）菌苗 | 绵羊、山羊布鲁氏菌病 | 无论羊龄大小均皮下注射或口服 | 注射 1 ml，口服 2 ml，孕羊不用 | 1 年 |
| 破伤风明矾沉降类毒素 | 破伤风 | 绵羊、山羊颈部皮下注射 | 0.5 ml。第二年再免一次，免疫力 4 年 | 1 年 |
| 破伤风抗毒素 | 紧急预防和治疗破伤风病 | 皮下或静脉注射，治疗时重复应用 | 预防量 1 万~2 万单位；治疗量 2 万~5 万单位 | 2~3 周 |

（续表）

| 名称 | 预防疾病 | 使用方法 | 用量说明 | 免疫期 |
|---|---|---|---|---|
| 羊快疫、羊猝狙、羊肠毒血症三联菌苗 | 羊快疫、羊猝狙、羊肠毒血症 | 无论羊龄大小一律肌内或皮下注射 | 1 ml，临时用20%氢氧化铝胶稀释 | 1年 |
| 羊梭菌病四防氢氧化铝菌苗 | 羊快疫、羊猝狙、羊肠毒血症、羔羊痢疾 | 无论羊大小均肌内或皮下注射 | 5 ml | 暂定0.5年 |
| 羊黑疫菌苗 | 羊黑疫 | 皮下注射 | 大羊3 ml；小羊11 ml | 1年 |
| 羔羊痢疾菌苗 | 羔羊痢疾 | 皮下注射 | 孕羊在产前20~30 d注射2 ml，10 d后二免注射3 ml | 母羊5个月乳汁可使羔羊被动免疫 |
| 羊黑疫、快疫混合苗 | 黑疫、快疫 | 大小羊均是皮下或肌内注射 | 大、小羊均为3 ml | 1年 |
| 羊厌气菌氢氧化铝甲醛五联苗 | 羊快疫、羊猝狙、羔羊痢疾、羊肠毒血症、羊黑疫 | 皮下肌内注射 | 大、小羊均为3 ml | 0.5年 |
| 羔羊大肠杆菌病菌苗 | 羔羊大肠杆菌病 | 皮下注射 | 3月龄内0.5 ml；3~12月龄2 ml | 0.5年 |
| C型肉毒梭菌苗 | 羊肉毒梭菌中毒症 | 绵羊、山羊颈部皮下注射 | 4 ml | 1年 |
| C型肉毒梭菌透析培养菌苗 | 羊C型肉毒梭菌中毒症 | 颈部皮下注射 | 1 ml（含0.02 ml培养菌原液） | 1年 |
| 山羊传染性胸膜肺炎氢氧化铝苗 | 山羊传染性胸膜肺炎 | 山羊皮下或肌内注射 | 6月龄内3 ml；6月龄以上5 ml | 1年 |
| 羊肺炎支原体氢氧化铝灭活苗 | 山羊、绵羊由绵羊肺炎支原体引起的传染性胸膜肺炎 | 颈侧皮下注射 | 6月龄内羊2 ml；成羊3 ml | 1.5年以上 |

（续表）

| 名称 | 预防疾病 | 使用方法 | 用量说明 | 免疫期 |
|---|---|---|---|---|
| 羊流产衣原体油佐剂卵黄囊灭活苗 | 羊衣原体性流产 | 在羊怀孕后1个月内进行，皮下注射 | 3 ml | 暂定1年 |
| 羊痘鸡胚化弱毒苗 | 绵羊、山羊痘病 | 皮下注射，6 d产生免疫力 | 大、小羊均为0.5 ml | 1年 |
| 羊口疮弱毒细胞冻干苗 | 绵羊、山羊口疮病 | 口唇黏膜内注射 | 0.2 ml，以注射后注射部位呈透明发亮的水泡为准 | 暂定5个月 |
| 羊链球菌氢氧化铝菌苗 | 绵羊、山羊链球菌病 | 背部皮下注射 | 6月龄以上羊5 ml；6月龄以下3 ml；3月龄以下的羔羊注射，到6月龄时再加强免疫一次 | 暂定6个月 |
| 羊链球菌弱毒菌苗 | 羊链球菌病 | 尾部皮下注射或气雾免疫 | 注射1 ml（含50万活菌）；0.5~2周岁羊减半；室外气雾3亿活菌； | 1年 |
| 牛、羊伪狂犬病疫苗 | 羊伪狂犬病 | 山羊颈部皮下注射 | 5 ml，该苗冻结后不能使用 | 暂定6个月 |

# 参考文献

安乐，2008. 农区舍饲肉羊的发展与探讨［J］. 农业科技与信息（15）：50-51.

蔡泉，2008. 济宁青山羊品种资源调查［J］. 中国草食动物，28（6）：64.

陈甜，肖海峰，2016. 中国羊肉消费状况及影响因素研究［J］. 中国畜牧杂志，52（12）：15-20.

陈永军，赵中权，张家骅，等，2008. 济宁青山羊高繁殖力基因研究进展［J］. 畜牧兽医杂志，27（6）：62-64.

储明星，桑林华，王金玉，等，2005. 小尾寒羊高繁殖力候选基因 BM P15 和 G DF9 的研究［J］. 遗传学报，32（1）：38-40.

何远清，储明星，工金玉，等，2006. 济宁青山羊 MTNR1A 基因外显子 2 的克隆与序列分析［J］. 安徽农业大学学报，33（4）：502-505.

姜会民，2013. 鲁西南地区青山羊生产性能和繁殖性能研究［J］. 安徽农业科学，41（15）：6719-6720，6734.

蒋培红，魏敬才，2003. 家庭养羊技术指南［M］. 北京：中国农业大学出版社.

焦彩兰，储明星，王金玉，等，2006. 山羊高繁殖率候选基因 *BMP15* 的 RFLP 分析［J］. 扬州大学学报，27（3）：31-33.

济宁青山羊

晋爱兰，蒋培红，2004. 羊病防治技术［M］. 北京：中国农业大学出版社.

荆元强，杨维仁，王平，2010. 济宁青山羊的生物学特性及其发展现状的研究［J］. 饲料博览（4）：19-20.

李贺，2011. 菏泽青山羊面临绝种危机［J］. 农业知识（科学养殖）（10）：50-51.

李秋梅，2008. 肉羊高效生产配套技术研究［J］. 畜牧与兽医，40（7）：88-90

李心海，2012. 青山羊标准化生产［J］. 农家致富（21）：36-37.

李拥军，薛慧文，张浩，2009. 肉羊健康高效养殖［M］. 北京：金盾出版社.

刘光军，2009. 肉羊的饲养管理技术［J］. 畜牧与饲料科学，30（6）：191-192.

刘桂琼，等，2010. 肉羊繁育管理新技术［M］. 北京：中国农业科学技术出版社.

毛景欣，刘小艳，左福元，2008. 济宁青山羊繁殖力研究现状［J］. 山东畜牧兽医，29（5）：39-42.

毛杨毅，2002. 农户舍饲养羊配套技术［M］. 北京：金盾出版社.

彭志兰，储明星，陈宏权，等，2007. 抑制素 BA 基因多态性及其与济宁青山羊高繁殖力关系［J］. 农业生物技术学报，15（5）：901-902.

司俊臣，1999. 山东省畜禽品种志［M］. 深圳：海天出版社.

孙贵，2008. 规模养羊场疫病控制效果观察［J］. 吉林畜牧兽医，29（8）：8-12.

王福刚，何绍钦，刘召乾，2008. 论青猾子皮国际市场需求对济宁青山羊养殖业的影响［J］. 中国畜禽种业，4（21）：

10-13.

王建臣，曹光荣，2002. 羊病学［M］. 北京：中国农业出版社.

王金文，王德琴，2006. 肉羊规模化杂交育肥模式［J］. 农业知识（10）：10-11.

王可，蔡中峰，楚惠民，等，2013. 山东省济宁青山羊种质资源调查与分析报告［J］. 江苏农业科学，41（7）：215-217.

王宁，2008. 无公害肉羊的饲养管理［J］. 科学养殖（11）：24-25.

王小燕，2011. 羊寄生虫病的综合防治措施［J］. 养殖技术顾问（11）：78.

王永亮，2013. 羊的饲养管理［J］. 中国畜牧兽医文摘，29（9）：57.

吴卫东，张亚民，2011. 菏泽市青山羊产业发展中存在的问题与建议［J］. 养殖技术顾问（12）：253.

肖芳萍，等，2012. 山羊消化道寄生虫感染情况调查及防制［J］. 中国畜牧兽医，39（3）：195-197.

许涛，白峰，2012. 制约鲁西南青山羊发展瓶颈及解决措施［J］. 山东畜牧兽医，33（6）：27-28.

许涛，2011. 单县青山羊养殖现状及发展建议［J］. 山东畜牧兽医，32（8）：65-67.

许腾，张春辉，付伟，2010. 菏泽农区青山羊养殖现状调查［J］. 山东畜牧兽医，31（10）：70-71.

许腾，2010. 济宁青山羊生产发展模式的探讨［J］. 当代畜牧（9）：40-42.

许腾，2011. 鲁西南地区青山羊种质资源调查与分析［J］. 中国畜牧兽医，38（8）：148-151.

闫洪涛，2013. 山羊放牧的饲养管理［J］. 湖北畜牧兽医

（12）：76-75.

岳文斌，等，2008. 羊场兽医手册 ［M］. 北京：金盾出版社.

张爱民，2008. 鲁西南青山羊资源开发和利用 ［J］. 农技服务，
25（3）：59，71.

张冀汉，何登文，李福琅，1981. 我国山羊分布与环境条件关
系的初步探讨 ［J］. 农业气象（8）：53-57.

张彤，等，2011. 山羊饲养管理关键技术措施 ［J］. 安徽农学
通报，17（6）：30-55.

张英杰，2010. 羊生产学 ［M］. 北京：中国农业大学出版社.

张真举，张海，龚洪超，2011. 山羊的科学饲养管理 ［J］. 湖
北畜牧兽医（7）：37-38.

赵有璋，2005. 现代中国养羊 ［M］. 北京：金盾出版社.

赵有璋，2011. 羊生产学 ［M］. 3 版. 北京：中国农业出版社.

郑国清，2008. 羊病防治 ［M］. 郑州：中原农民出版社.

周碧，2012. 山羊春羔的科学饲养管理 ［J］. 浙江畜牧兽医
（6）：41.

GALLOWAY S M, MCNATTY K P, CAMBRIDGE L M, et al.,
2000. Mutations in an oocyte-derived growth factor gene（BM
P15）cause increased ovulation rate and infertility in a dosage-
sensitive manner ［J］. Nat Genet, 25（3）：279-283.

HANRAHAN P J, G REGAN S M, MULSANT P, et al., 2004.
Mutations in the genes for oocyte-derived growth factors GDF9
and BMP15 are associated with both increased ovulation rate and
sterility in Cambridge and Belclare sheep（Ovis cries）［J］.
Biol Reprod, 70（4）：900-909.

HIENDLEDER S, LEWALSKI H, JAEER C, et al., 1996b. Ge-
nomiccloning and comparative sequence analysis of different
alleles of the ovine A-inhibin/act ivin INH-BA Gene as a poten-

tial QTL for litter size [J]. Animal Genetics, 271 (Sunn1. 2):
119.

JAEGER C, HIENDLEDER S, 1994. Cosmid cloning and charac-
terization of the coding regions and regulat oryelements of the
ovine J3a- (INHA) J3A- (INHBA) and J3B-inhib-in (IN
H BB) genes [J]. Animal Genetics, 25 (Suppl. 2): 33.

LEYHE B, HIENDLEDER S, JAEAER C, et al., 1994. Pro-
nounced differences in the frequency of TaqI BA-in-hibin alleles
between sheep breeds with different repro-ductive performance
[J]. Animal Genetics, 25: 41-43.

LIANG C, CHU M X, ZHANG J H, et al., 2006. PCR-SSCP
Polymorphism of FSHJ3 Gene and Its Relationship with
Prolificacy of Jining Grey Goats [J]. Hereditas, 28 (9):
1071-1077.